量 子 世 界

写给所有人的量子物理

The Quantum World:
Quantum Physics for Everyone

[美]肯尼斯·福特 (Kenneth W. Ford) 著
王菲 译

外语教学与研究出版社
北京

京权图字：01-2023-3556

图书在版编目（CIP）数据

量子世界 ：写给所有人的量子物理 /（美）肯尼斯 · 福特（Kenneth W. Ford）著 ；王菲译. -- 北京 ：外语教学与研究出版社，2024.1
书名原文：The Quantum World: Quantum Physics for Everyone
ISBN 978-7-5213-4547-6

Ⅰ. ①量… Ⅱ. ①肯… ②王… Ⅲ. ①量子论－普及读物 Ⅳ. ①O413-49

中国国家版本馆 CIP 数据核字 (2023) 第 098319 号

出 版 人　王　芳
项目负责　刘晓楠
项目策划　何　铭
责任编辑　何　铭
责任校对　白小羽
封面设计　梧桐影
版式设计　彩奇风
出版发行　外语教学与研究出版社
社　　址　北京市西三环北路 19 号（100089）
网　　址　https://www.fltrp.com
印　　刷　天津善印科技有限公司
开　　本　710×1000　1/16
印　　张　19
版　　次　2024 年 1 月第 1 版　2024 年 1 月第 1 次印刷
书　　号　ISBN 978-7-5213-4547-6
定　　价　79.00 元

如有图书采购需求，图书内容或印刷装订等问题，侵权、盗版书籍等线索，请拨打以下电话或关注官方服务号：
客服电话：400 898 7008
官方服务号：微信搜索并关注公众号“外研社官方服务号”
外研社购书网址：https://fltrp.tmall.com

物料号：345470002

来一次说走就走的旅行

在我还是小孩子的时候，我和小伙伴们会在夏夜抬头看眨眼的星星，在冬天看渐冻的河水，并悄悄在心里问一个为什么。大多数时候，没有人给我满意的答案。

中学起接触物理，我开始理解了一些日常现象的背后原理。物理课，不但告诉了我一些自然世界的定量解释，还可以让我在此基础上“预测”一些现象。这种安全感，至今回忆起来都栩栩如生，好像我多掌握了一门“魔法”。

随着我进入大学，后来又选择量子专业，并进入实验室开始从事真正的科学研究，我渐渐地开始不仅仅能“预测”现象，更能让微妙诡异又变化莫测的微观粒子在我精心设计的龙门阵里翩然舞蹈、变化万千。我喜欢在实验室做关于光子的魔术。

现在，我已人到中年，量子成了我每日都要打交道的伙伴。我想，一直能让我对它热情不减、常看常新的原因，可能有两个。

第一个原因，量子从我接触它的第一天起就以一种完全不同于既往世界熟悉的面貌展示它的魅力。刚接触量子力学的时候，它给我的感觉是“反直觉”：在一个尺度非常微小的世界里，粒子遵循和我们日常经验完全不同的运动和相互作用规律。微观世界中的量子叠加、纠缠，可以科普地类比为孙悟空的分身术、筋斗云这类神话或科幻情节。我相信任何第一次学习的人都会感到困惑，很想再进行更深的了解。这也是驱使我进入实验室、接触实际的量子工作的最大动力。本科毕业后，我进入潘建伟老师刚刚在国内组建的课题组，我的硕士课题是以光子为研究对象，研究世界上首个六光子纠缠，演示基本的量子算法工作原理。再后来，我远赴英国剑桥留学，构筑了单光子和单电子之间的量子桥梁。探索量子世界是一个令人着迷的过程，我在无数个实验的关键节点感到困惑，也在最终实现的时候，连自己都感到震撼。研究量子，就像在玩一种永远没有通关的游戏。

第二个原因，量子虽然听起来阳春白雪，但是量子力学及它催生的技术已经在各方面改变了我们的生活。可以说，没有量子力学，就没有我们今天的计算机、手机、互联网、导航、激光、磁共振等等，这些都是上个世纪在“第一次量子革命”中催生出来的成果，主要是建立在对量子规律宏观的应用的基础上。目前正在全世界蓬勃发展的“第二次量子革命”，是通过自底而上的方式制备、操控和测量一个个微观粒子，突破经典信息技术的瓶颈。“第二次量子革命”的几个在国际上产生了重大影响的标志性里程碑主要包括“墨子号”量子科学实验卫星、“悬铃木”超导量子计算原型机、“九章”光量子计算原型机和“祖冲之号”超导量子计算原型机；我本人有幸参与了第 1、4 项，负责了第 3 项工作。我们通过发展高效率和高品质的单光子源，一步步地让光学量子计算的能力超越早期经典计算机，再超越最快的超级计算机，甚至在一些特定问题的解决上展现出经典计算无法匹敌的能力。但是，量子计算这个领域还很年轻，未来，我们希望实现在特定问题上有应用价值的专用量子计算机、可编程的通用量子计算机。道阻且长，值得我和我之后的年轻人继续保持热情、持之以恒。

如果你也对量子的过去和未来同样报以好奇和信心，不妨就从手中

“九章二号”光量子计算机实验图

的这本《量子世界：写给所有人的量子物理》开始。这本书的作者肯尼斯·福特教授会带着你从宏观的表面，进入深藏的微观的粒子世界。在书里，你不妨来一次说走就走的旅行，沿途认识量子世界的各路神仙，看这些粒子如何走路、它们之间如何互动、它们彼此之间有什么不同、在量子世界扮演什么角色，又会和宏观的宇宙奥秘产生怎样的联系。也许，读到最后，你会和我一样，成为量子的终身“粉丝”，和这个新世界的朋友。

陆朝阳

中国科学技术大学讲席教授、腾讯基金会新基石研究员

国家自然科学一等奖获得者、美国物理学会量子计算奖获得者

To

Charlie, Thomas, Nathaniel, Jasper,
Colin, Hannah, Masha, Daniel, Casey,
Toby, and Isaiah

献给

查理、托马斯、纳撒尼尔、贾斯珀、科林、

汉纳、玛莎、丹尼尔、凯西、托比以及艾赛亚

致 谢

乔纳斯·舒瓦茨 [Jonas Schultz] 和保罗·休伊特 [Paul Hewitt] 认真阅读了全部书稿，并提出了许多有益的意见和建议。保罗还为本书提供了生动形象的插图。对于他们的工作，我在这里表示深深的谢意。另外还要感谢那些目光敏锐的朋友，他们阅读并对本书的主要内容（甚至是全部内容）进行了评价，他们是帕姆·邦德 [Pam Bond]、伊莱·伯斯坦 [Eli Burstein]、霍华德·格拉瑟 [Howard Glasser]、戴安娜·戈德斯坦 [Diane Goldstein] 以及乔·谢勒 [Joe Scherrer]。杰曼镇中学 [Germantown Academy] 戴安娜班上高中高年级的学生分段阅读了这本书，并且提出了很有价值的（也很质朴的）意见，他们分别是雷切尔·艾伦伍德 [Rachel Ahrenhold]、瑞安·卡西迪 [Ryan Cassidy]、梅雷迪斯·考克 [Meredith Cocco]、布赖恩·迪姆 [Brian Dimm]、伊曼纽尔·吉瑞恩 [Emmanuel Girin]、亚历克斯·哈米尔 [Alex Hamill]、马克·海托华 [Mark Hightower]、迈克·尼托 [Mike Nieto]、路易斯·佩雷斯 [Luis Perez]、马特·罗曼 [Matt Roman]、贾里德·所罗门 [Jared Solomon] 以及约瑟夫·沃迪 [Joseph Verdi]。戴安娜认为这本书值得在课堂上推广使用，在她的建议下本书新增了附录 D。戴安娜为附录 D 的编写提供了极为宝贵的帮助。

还要感谢那些为本书提供论据和数据（以及那些坚持不懈地帮我查

寻我所需要的材料）的朋友，他们是芬恩·艾瑟鲁德 [Finn Aaserud]、斯蒂芬·布拉什 [Stephen Brush]、布赖恩·伯克 [Brian Burke]、瓦尔·菲奇 [Val Fitch]、亚历克萨·考杰尼科夫 [Alexei Kojevnikov]、艾尔弗雷德·曼 [Alfred Mann]、弗洛伦斯·米尼 [Florence Mini]、杰伊·帕萨科夫 [Jay Pasachoff]、马克斯·泰格玛克 [Max Tegmark] 以及弗吉尼亚·特林布尔 [Virginia Trimble]。在贾森·福特 [Jason Ford] 和尼娜·泰尼伍德 [Nina Tannenwald] 的帮助下，第 1 章顺利开了头。莉莲·李 [Lillian Lee] 是本书最重要的宣传者，并对标题提供了许多想法和建议。海蒂·米勒·希姆斯 [Heidi Miller Sims] 则对论据进行了仔细的查证。

我的妻子乔安妮 [Joanne]，以及我的七个孩子——保罗 [Paul]、萨拉 [Sarah]、尼娜 [Nina]、卡罗林 [Caroline]、亚当 [Adam]、贾森 [Jason] 和伊恩 [Ian]——都一以贯之地坚持着他们很久前就学会的所谓“工作”：坐在一张桌前，以此作为对我的支持。我很荣幸能够与哈佛大学出版社最富经验和协调一致的团队进行合作，他们是迈克尔·费希尔 [Michael Fisher]、萨拉·戴维斯 [Sara Davis] 以及玛丽亚·阿舍尔 [Maria Ascher]。

目　录

表面之下

什么是亚原子世界？

物理学的哪个分支处理非常小的物体？

为什么光子最初没有被认为是“真实”的粒子？

亚原子粒子的标准模型包含了多少种基本粒子？

……

敲敲木头，感觉很坚固，因为木头是固体，但是如果探求更深层次的结构，你将面对一个全新的世界。在以往的学习中你或许已经知道固体物质是由大量原子组成的，并且原子内大部分空间都是空荡荡的。实际上，原子的中空就如同螺旋桨叶片旋转时形成的盘面一样。对于小而快的物体来说，穿过一个原子或者一个旋转的螺旋桨是很容易的，但是对于大而慢的物体来说，想要穿过就不大可能了。

大量的测量告诉我们，原子非常小。* 但是对于某些科学家来说，原子又是非常巨大的。这些科学家——核物理和粒子物理学家——关心的是比原子小很多甚至比位于原子中心的微小原子核还小的空间中所发生的事情。我们把他们研究的范畴称为亚原子世界。这正是我想在这本书中探究的世界。

20 世纪时我们已经了解了在亚原子世界的范围内，自然界以一种神秘而有趣的方式运行着，完全不同于我们身边习以为常的世界。当我们注视最微小的时空时，我们将看到一个只能用绚烂多彩来形容的世界。无数新粒子不断地涌现，有的寿命很长，但大多数只能生存很短的时间。这些粒子中的每一个都在以某种方式与其他粒子相互作用，每一个都有可能被毁灭和产生。在这个世界里，我们将直面自然界的速度极限，我们将发现空间与时间的纠缠，我们还会学习质能的互换。这个世界中奇异的游戏规则拓展了科学家们的思想，同样也拓展着科学家以外的普通人的思想。

这些规则均源于 20 世纪物理学的两大变革：量子力学（简单地讲，就是极小领域的物理）和狭义相对论（简单地讲，就是极快领域的物理）。

---

* 有多小呢？1 000 万个原子排成一行还没有 1 英寸的 1/10 长。发明于 1981 年的扫描隧道显微镜首次显示了单个原子的轮廓。一直到 1900 年，很多科学家还在质疑原子的存在。

本书意在阐明物理学的两大变革——尤其是量子力学——是如何改变我们观察世界的方式的。我将借助那些服从量子规则的亚原子粒子（以下简称粒子）对这些思想进行说明。在“小到多小”和“快到多快”之后，我将对庞大的粒子家族进行介绍，此后将转向介绍物理学家们提出的各种用以解释粒子行为以及粒子构成的奇妙思想。

1926 年，正是我出生的那年，当时人们对于亚原子世界，只知道有电子和质子两位居民。其中电子是被限制在原子内部空间的带负电的点，并能沿着通电流导线定向移动。如今，已可以通过磁场控制电子形成阴极射线管屏幕的像素，使它们按照字形和图片发光，从而应用于电脑显示器和电视显像管。质子质量比电子大将近 2 000 倍并且带正电，单独位于最轻的氢原子的中心，束缚着电子并使之绕转。在 20 世纪 20 年代，人们设想质子也存在于较重的原子核，现在我们知道，质子确实如此，而且它们以巨大的能量不断从外层空间涌入地球，形成所谓的原宇宙辐射。

光子——光的粒子——也是在 1926 年为人们所知，但它并没有被当作“真实”的粒子。光子没有质量，无法让光子减速或者将光子囚禁。光子极易产生和湮灭（发射和吸收），且并不像电子或质子那样是可靠的、稳定的物质。因此，虽然光子的行为在某些方面确实很像一个粒子，但物理学家们对于是否将它称为光的“粒子”仍然犹豫不决。不过仅仅数年之后，光子就获得了完整而平等的真实粒子身份，因为物理学家们此时已经意识到电子与光子一样极易产生和湮灭，而且电子的波动性质和光子的波动性质也几乎完全一样，一个没有质量的粒子实际上也是一个普通粒子。

1926 年正处在物理学黄金时代的中期。在 1924 年到 1928 年很短的几年间，物理学家们提出了一些极重要的，甚至是令人震撼的思想，这些思想在科学上至今仍为人们所称道。这些思想包括：物理学家们发现不仅仅是光，实际上所有物质都具有波动性；认识到自然界的基本规律是概率性的统计规律而不是确定性的规律；了解到对于物质某些可测量的属性，其测量精确程度存在着一个极限；发现电子相对于一个轴的自旋指向只有“上”或“下”两种可能；预言任何粒子都有自己的反粒子；发现单个电子或光子能够同时沿着两个甚至两个以上的方向运动（就好比你能开着车同时向北和向西行进，或者同时在纽约和波士顿逛街）。此外，还有一条原则，即没有任何两个电子能够同时处在完全相同的状态（它们很像是一群即便尽其所能也无法步调一致的行军者）。

这些赫赫有名的“伟大思想”正是本书的核心内容。我们将以亚原子粒子为例帮助大家理解这些重要的思想。粒子（从某种程度上讲也包括整个原子）是受那些有关极小和极速的定律影响最显著的物质。

应该指出的是，在量子物理中，要想把是什么（比如粒子）和发生了什么（即定律）区分开来并不容易。在 20 世纪之前，经典物理已经发展了三个世纪，是什么与发生了什么之间的区分是非常清晰的。例如，地球（是什么）按照力和运动定律围绕太阳作轨道运动（发生了什么）。至于地球由什么组成、地球上是否存在着生物、地球上的火山岩浆是在喷发还是在休眠等等这些特点，对于地球围绕太阳的运动规律则毫无影响。再举个例子，一个振动中的电荷将产生电磁辐射，而这辐射根本不“关心”电荷的携带者是电子、质子还是电离态原子，抑或是乒乓球，它只“知道”某种带电体正在以某种方式振动，但并不“知道”也并不需要“知道”到底是什么东西在振动。振动物体的种类（是什么）对发射出的辐射（发生了什么）毫无影响。

但是对于粒子，事情就没这么简单了。粒子是什么和它们如何运动是紧密关联在一起的，这正是亚原子世界的全部奇妙所在。因此，在接下来的几章中，凡是粒子性质与粒子行为搅在一起之时，都将是你们（以及我）不得不小心处理之处。

我们暂且不去探究亚原子世界为何如此奇妙、如此不可思议和令人惊奇，问题在于那些有关极微小和极高速领域的定律为何与常识如此截然不同？它们何以将我们的思维扩展到了极限？它们的奇妙无法预期。经典物理学家们（处在 1900 年之前的物理学家）曾想当然地认为，那些来自我们周围世界以及我们所能感知的世界的普通概念，也会作为知识的积累而继续适用于自然界中那些超出我们感知范畴以外的领域——小到无法触及，快到转瞬即逝。另一方面，那些经典物理学家也没有办法去了解这些规则是否还将保持不变。那么他们如何确定——或者说我们中任何一个人如何确定——这些源于普通观察的“常识”是否还适合于对那些我们看不见、听不到、摸不着的现象进行解释？

事实上，过去百年的物理学发展已经告诉我们，常识对于新知识领域的引导作用微乎其微。没有人能够预知结果，但人们也不必因此而感到惊讶。日常的经验形成了我们对于物质、运动以及时空的看法。常识告诉我们：固体是坚固的；所有精确的钟表都是保持同步的；物质碰撞前后的质量是保持不变的；自然界是可预测的，也就是说，只要我们输入足够精确的信息就能得到可靠的预测结果。但是当科学延伸到日常经验范畴之外时——例如进入亚原子世界——事情就截然不同了。固体物质内大部分空间是空荡荡的；时间是相对的；质量在碰撞中将会获得或失去；无论输入多么完备的信息，其结果都是不确定的。

为什么会这样？我们不知道原因。常识本应延伸到我们的感知范围之外，但实际上却没有。这说明我们基于直接感知的日常世界观是有限的。我们只能重复资深电视新闻节目主持人沃尔特·克朗凯特 [Walter Cronkite] 的告别语：“事实就是如此。”你或许会着迷，或许会困惑，或许会迷惘，但你不该感到惊讶。

在我 50 岁那年，也就是 1976 年，已知的亚原子粒子已经达到数百种，其中一些在 20 世纪 30 年代已被发现，20 世纪 40 年代发现了更多的亚原子粒子，到五六十年代，亚原子粒子的发现更如潮涌。物理学家们已经不再把这些粒子称为“基本粒子”或“基础粒子”，因为已有太多粒子被如此称呼。不过随着粒子数量逐渐失控，物理学家们也逐渐提出了简化方案，似乎只有易于处理的少数粒子才是真正的基本粒子（包括人们至今仍无法直接看到的夸克）。大部分已知的粒子，包括我们的老朋友质子都是可分的，也就是说，是由基本粒子组合构成的。

我们还可以看到，在较之更早的数十年前我们对于原子和原子核的理解与此多么的相似。1932 年发现中子（一种不带电荷的中性粒子，质子的同胞）时，已知的原子核的数量已达到数百种。每种原子核都通过其质量和所带正电荷进行区分，原子核的电荷数决定了原子数，或者说决定了原子核在周期表中所处的位置。换言之，就是决定了元素的种类（元素是具有独特化学性质的物质）。氢原子核带有 1 个正电荷，氦原子核带有 2 个正电荷，氧原子核带有 8 个正电荷，铀原子核带有 92 个正电荷等。有些原子核带有相同电荷（因而属于同种元素）却有不同质量，围绕这些核形成的原子被称为同位素。这数百种原子核中大约有 90 种原子核平均每个有两到三个同位素，科学家们认为它们应该由少数更基本的结构组成。但是在发现中子之前，他们还无法确定那些结构是什么。中子的发现使得一切都明朗了（尽管后来发现中子还可再分），原子核仅由两种粒子构成，即质子和中子。质子提供电荷，并且与中子一起提供质量。整个原子中，在更大空间内围绕原子核运动的是电子。所以只需要 3 种基本的粒子就可以说明数百种不同原子的结构。

对于亚原子粒子，夸克的“发现”与原子中的中子的发现极其相似。

我给“发现”一词打上引号是因为同在加州理工学院的默里·盖尔曼[Murray Gell-Mann]和乔治·茨威格[George Zweig]的确分别在1964年提出了夸克存在的假设，但是夸克的存在并没有通过实验观察得以验证（“夸克”这个名字还应归功于默里·盖尔曼）。尽管到目前为止夸克存在的证据还都是间接的，但其存在本身已不容置疑。今天，人们已经认识到夸克是组成质子、中子乃至所有其他粒子的基本粒子。

默里·盖尔曼[Murray Gell-Mann]（生于1929年），帕萨迪纳市的哈维[Harvey]拍摄于1959年。承蒙美国物理联合会塞格雷视觉档案室[Emilio Segrè Visual Archives]许可使用照片

之后，物理学家们又提出了亚原子粒子的标准模型。这一模型中共有包括电子、光子以及 6 种夸克在内的 24 种基本粒子，可对所有已观测到的粒子和它们之间的相互作用进行说明。* 24 不像 3（1926 年时所知道的基本粒子数目）这样小的数字那么令人满意，但是迄今为止这 24 种基本粒子仍顽强地保持着它们的“基本”身份，尚未发现它们中任何一个是由其他更基本的物质组成的。但是假如超弦理论家们能够证明超弦理论的正确性（我将在后边讨论他们的观点），那么或许还将有更小、更简单的结构等待发现。

有些基本粒子被称为轻子，有些被称为夸克，而有些则被称为载力子。在我向你介绍它们之前，首先一起来了解一下亚原子世界描述中典型的物理量和数量级。

---

* 这 24 种粒子不包括引力子——假设的引力粒子——或其他假设粒子以及希格斯粒子（粒子园中唯一以人名命名的粒子），反粒子也不计入其中。

小到多小？快到多快？

什么实验首次揭示出原子核的尺寸有限？

自然界中的速度极限是多少？

你可以有质量没重量吗？

核中的质子相互排斥，它们是如何束缚在原子核内的？

……

我们在亚原子范畴内测量到的物体有多大或者说有多小呢？你或许知道原子是很微小的，亚原子粒子就更小了。光以极快的速度运动，粒子们以接近光的速度飞行，一眨眼的短暂瞬间就已远远大于典型的粒子寿命。这些说起来很容易，但要理解起来就没那么容易了。本章的目的在于帮助你“看见”亚原子领域，这样你就能舒舒服服地去体验小尺度、高速度以及短暂的时间间隔。

这也说明用于描述粒子的大部分概念一点也不神秘，只不过是在尺度上有所不同而已。长度、速度、时间、质量、能量、电荷以及转动这些可用于描述保龄球的物理量，同样也能用于描述电子。对于亚原子领域，问题在于：这些量有多大？我们怎么去了解它们？使用什么单位测量这些量更方便？

为了处理尺度的大小，我们需要一种简单易懂的计数符号。许多读者可能已经知道这种符号了，比如一千用 1 000 或 10^3 表示，一百万用 1 000 000 或 10^6 表示，十亿则用 1 000 000 000 或 10^9 表示，很简单。10 的幂次就是所要表示的数字中零的个数。其实不妨把 10 的幂次看成是小数点位置移动次数的一种简略表达方式。这样 2 亿 4 千 300 万，或者 243 000 000，就可以写成 2.43×10^8，从 2.43 到 243 000 000，小数点向右移动了 8 位。使用 10 的幂次计数的简略方法称为指数计数法（通常也称为科学计数法）。

小于 1 的数计数规则与之相同（其实它们本质上是一样的）。千分之一就记作 0.001 或 10^{-3}（如果以 1 作为基准将小数点向左移动 3 位，就得到 0.001）。假设一个大分子的尺度为十亿分之一米的 2.2 倍，那就意味着它的尺度可被写成 0.000 000 002 2 米，或者更方便地记为 2.2×10^{-9} 米。

科学计数法中乘法是通过指数相加实现的，十亿就是一百万的一千倍 $10^3 \times 10^6=10^9$，一万亿就是十亿的一千倍 $10^3 \times 10^9=10^{12}$。若是相除，则指数相减。例如，粒子要在 4×10^8 秒（大约 13 年）内运动 8×10^{16} 米到达一个不太远的恒星，速度是多少？用这段距离除以时间：8×10^{16} 米 $\div 4\times10^8$ 秒 $=2\times10^8$ 米 / 秒（约为光速的 2/3）。

科学计数法是科学家们处理大小数字的一种方式。另一种方式则是引入适合于所研究领域的新单位。在大尺度的世界中我们就是这样做的，（至少在美国和英国）我们喜欢用英尺和英寸测量高度，用英里测量行进的距离。天文学家则选择了更大的单位，即光年，* 来测量到其他恒星的距离。在计算机中，我们使用千字节、兆字节以及吉字节（分别为 10^3、10^6 和 10^9 字节）等单位，药剂师使用毫克（千分之一克），飞行员使用马赫（速度与空气中声速的比率）。

在粒子世界中，我们使用飞米 **（10^{-15} 米）作为长度单位，使用光速（3×10^8 米 / 秒，用 c 表示）作为速度的常用单位，使用电子的电量（用 e 表示）作为电荷单位，使用电子伏特（eV）作为能量单位。电子伏特是一个电子在 1 伏特电势差（或电压）的加速下获得的能量。例如，电视机显像管中的一个电子在 1 500 伏特电压的驱动（或牵引）下将以 1 500 电子伏特的能量飞向荧光屏。1 电子伏特大约为一个红光光子的能量。大约 10 电子伏特就可电离一个原子（使得原子中一个电子变成自由电子）。由于质量和能量是等价的，粒子的质量也可以用电子伏特单位表示。例如，电子具有 511 000 电子伏特的质量（511×10^3 电子伏特或 511 千电子伏特），质子具有 938 000 000 电子伏特（938×10^6 电子伏特或 938 兆电子伏特，接近 1 吉电子伏特）的质量。*** 注意粒子质量用电子伏特单位表示时相对较大。

---

* 有时也用秒差距，相当于 3.26 光年。

** 飞米的英文是 femtometer，常被称为“fermi”，用以纪念伟大的意大利裔美国核物理学家恩瑞克·费米 [Enrico Fermi]。幸运的是飞米的缩写是 fm。

*** 附录 A 中的表 A.1 给出了各种大小数量因子的标准名称和符号。

表 A.2（见附录 A）给出了物质使用大尺度世界中常用单位表示的一些性质以及亚原子世界中的典型值。

长　度

长度是一个枯燥的问题吗？当你试图描绘亚原子世界的距离时它并不枯燥。原子核是一个原子大小的 10^{-4} 或 10^{-5}。设想一个原子的直径扩大到 3 千米，与一个中型机场一样大，这 3 千米的 10^{-4} 就是 30 厘米，约为 1 英尺，相当于一个篮球的直径。一个放在机场中心的篮球，就如同一个“大”原子核，比如铀核，处在原子中一样孤单。（为了使模型更合理，用一个中心顶点距地面 1 英里的巨大圆屋顶覆盖整个机场。）现在将篮球换为一个高尔夫球，你就得到了一个氢原子模型，其中心为质子。* 在这个高尔夫球（即质子）里边，夸克和胶子杂乱无章地运动着，它们的大小都无法辨别。高尔夫球外面是同样很难辨别大小的单个电子，这个电子“充斥着”原子内 3 千米的空间。一个看不见的斑点充斥着一个巨大的空间？没错，这就是物质的波动性造成的结果。

当一个质子被扩大成一个高尔夫球时，孩子们手里直径为 1 厘米的弹球将会变成什么呢？这时它将膨胀成一个直径相当于地球轨道直径的球体。这个膨胀的弹球将囊括太阳、水星和金星，而地球则在弹球的表面上沿着圆周运动。

我们的高尔夫球如果收缩到质子的实际尺寸，直径约为 10^{-15} 米，也就是千万亿分之一米，或者说是 1 飞米（1 fm）。目前在实验中所观测到的最短长度约为 1 飞米的 1/1000，即 10^{-18} 米。如果基本粒子有大小，肯

---

* 这说明铀原子并不比氢原子大多少（所以不必改变机场的大小）。铀核所带电荷更多，对其电子的吸引力更大，但它需要吸引更多电子，这种平衡机制使得原子的大小变化非常小。

定小于这一长度。

我们如何测量这些小到难以置信的长度？不是用直尺，也不是用游标卡尺。一种方法是通过散射实验进行测量。比如让一束电子束入射到含有大量质子的氢样品上，由于入射电子和质子靶之间的电场力的作用，电子将发生偏转，也就是发生散射。假如质子是一个点粒子（也就是小到只能被看成是以数学点的形式存在），那么电子呈现的图样是可预知的。而散射电子的实际图样与这一预测结果的不同则揭示出，当一个电子接近一个质子达到什么距离时，电子受到的质子作用力开始不同于点粒子的作用力。对该图样的分析揭示出质子的大小约为 1 飞米，甚至还揭示出质子所带的正电荷在其内部是如何分布的。（20 世纪 20 年代，欧内斯特·卢瑟福 [Ernest Rutherford] 首次通过 α[阿尔法] 粒子散射实验揭示了原子核具有有限的大小。）

物质的波动性也有助于测量微小长度。每个运动中的粒子都有特定的波长，能量越大，波长就越短。当靶的大小与波长相同或者略大于波长时，物质波将在靶处发生衍射，并能揭示出靶的性质。例如，当水波

图1　水波能够揭示出船的很多信息，但是对于锚链就无能为力了

通过一艘抛锚的船时，即能展示出这艘船的性质。但是对于同样要通过的锚链，水波却几乎不能给出任何信息。在最精细的显微镜的帮助下，光波能够为我们揭示那些与光波长一样小的生物样本的性质，但是对于比光波长还小的病毒结构就无能为力了。从现代加速器中产生的最高能粒子的波长约为 0.001 飞米（10^{-18} 米），它们的衍射能够用于探测更小的长度。

整个宇宙的情况并非本书的主题，不过，在科学家们所探究的最大和最小领域之间考察一下我们人类所属的区域还是比较有趣的。已知的宇宙半径约为 140 亿光年，相当于 10^{26} 米。一张书桌或工作台的宽度大约是宇宙的 10^{26} 分之一，且“仅仅”是粒子实验中探测到的最小长度的 10^{18} 倍。在最大和最小长度极限之间的“平均”长度是 10^{4} 米，或者说是 10 千米（相当于 6 英里）。我们来讨论一下你每天上下班的距离，用那个距离乘以 10^{22} 你就得到了宇宙半径，用它除以 10^{22} 你就得到了目前所能探测到的最小尺度的极限。了解到我们非常熟悉的 6 英里这样的距离恰好处于目前科学已知的最大和最小距离的中点（可用同一比例表示），这或许很令人满意。10^{22} 这个数有多大呢？假如你上这么多天数的班，那么你的工作时间大约是宇宙年龄的 20 亿倍。假如你把如此多的人散布到银河系，就得有超过一万亿个行星来承载他们。这样一个数量级也大约相当于已知宇宙中的恒星总数或一口气中所包含的原子数。那么最大和最小距离之比 10^{44} 有多大呢？这就留给各位读者自己去思考和认识吧。

在结束长度主题之前，我必须提及一个理论学家们所研究的小到几乎无法想象的长度，即所谓的普朗克长度 *，约为 10^{-35} 米。回想一下，

---

* 美国物理学家约翰·惠勒 [John Wheeler] 以其核物理和引力方面的研究而著称，20 世纪 50 年代在纪念德国量子先驱马克斯·普朗克 [Max Planck] 的一篇文章中，他提出了普朗克长度的概念。（惠勒提出的很多概念都已在物理学研究中得到印证，其中包括量子泡沫和黑洞。）

质子的大小约为 10^{-15} 米，而与已经很小的质子相比，普朗克长度只是它的 10^{20} 分之一，也就是万亿亿分之一！物理学家竟然敢于研究这样一个领域！任何人都会感到惊讶，因为根据计算，在这个领域里，不仅仅是粒子，包括空间和时间本身都将服从量子力学的奇特规则。在普朗克尺度数量级上，空间和时间将失去我们日常世界中那种平滑可预测的特性，退化为不断变化的量子泡沫。在这个尺度上，弦理论所假设的弦跳着它们的呼啦圈舞，构成了我们在实验室中看到的各种粒子。（更多有关弦的知识请见第 10 章。）

速　度

一只步履匆匆的蜗牛爬行的速度是每秒 0.01 米（0.01 米 / 秒），一个人散步的速度约为 1 米 / 秒，驾车则为 30 米 / 秒，乘飞机则接近声速，声音的速度（在凉爽空气中）是 330 米 / 秒（每小时 740 英里），而光的传播速度则几乎是声速的 100 万倍，为 3×10^{8} 米 / 秒。

我们知道长度的大小没有确定的极限，但是自然界有确定的速度极限，即光速。据我们所知，迄今尚未有超过光速的证据报道，没有什么速度能突破这个界限。即便是轨道运动中的宇航员也只是光速的四万分之一。宇航员绕地球飞行一周需要一个半小时，而一束光如果沿环绕地球的光纤传播，只需要 1/10 秒就可以环游地球。不过，我们迄今为止仍未能像突破时间和长度界限那样突破自然界的最高速度。

1969 年，人们首次有机会体验光速（或者说是与光相同的无线电的波速）的极限。我们听到位于休斯敦的美国国家航空航天局（NASA）的地面控制员向位于月球的宇航员讲话，在一阵明显长于通常对话的延迟之后，我们听到了宇航员的回应。这一时间延迟，除了正常的反应时间之外，主要是信号以光速到达月球再返回地球所需要的时间，大约为 2.5 秒。孩子们在学校里就已经了解了光从太阳到地球需要 8 分钟，离我们最近的恒星的星光到达地球需要 4 年，从宇宙最遥远的空间发出的光到达地球则需要 100 亿年时间。对于天文学家来说，光也只是在徐步缓行而已。

地球上固体、液体和气体内原子和分子的无规则热运动速度是空气中声速的 1—10 倍，是光速的 10^5 分之一或 10^6 分之一。但是对于加速器中的粒子以及来自外层空间的粒子（如宇宙射线），它们的速度接近光速是常事。光子则别无选择，它们没有质量，只能以无质量粒子的速度，也就是光速运动，它们就是光。中微子质量极小，几乎可以如光子一样快地运动。在现代加速器中，电子也可以被加速到极接近于光速的高速度，接近到它们的速度之差仅相当于一只四处溜达的小虫的速度。

测量速度，即便是对于那些最快的粒子甚至对于光，也都是很简单的：距离除以时间，与处理普通运动一样。现代的钟表能够将时间细分到十亿分之几秒甚至更短。在十亿分之一秒，也就是 1 纳秒内，光运动的距离约为 1 英尺（约 30 厘米）。因此，实际上光速很容易测量，以至于光速已被采纳为一个固定的标准，而时间和空间的测量反而变得次要了。

科幻电影《星际旅行》[*Star Trek*] 中的进取号星舰，在紧急状况下能够立即加速启动，并以超光速在银河系中飞行。这种科幻中的速度是否有机会成为现实呢？这是完全不可能的。原因很简单，越轻的物体越容易被加速。货运列车在隆隆声中慢慢地加速，汽车则相对更快些，加速器中的质子就更快了，一个根本没有质量的粒子最容易被加速。实际上，无质量的光子在它产生的瞬间就能迅速跃变为光速，但不能超过这个速度。假如有任何有质量的物质速度能够比光速还快，那么由无质量光子组成的光本身就应该更快。但是科学家们拒绝绝对化。有一种被称为快子（tachyon）的假想物质，其运动速度能够比光速更快，并已开展了相关的理论研究。这是一种超乎寻常的粒子。根据一些文献的构想，这种粒子能够在开始运动之前就抵达目标。理论学家们咬着牙坚韧不拔地对这种超光速粒子进行研究，但是迄今为止，对快子的探求仍一无所获。

时　间

何为“短”时间？何为“长”时间？对于我们人类来说，一年就是一段长时间，百分之一秒就是一段短暂的时间 *；而另一方面，对于一个粒子来说，百分之一秒就成了永恒。对于宇宙中那些宏伟事件的进展而言，一百万年就像一次午休。

让粒子以接近光速的速度穿越质子直径距离，这一过程所需要的时间，对于表示一个粒子的时钟的“嘀嗒”声来说，是一种很好的选择。这个时间约为 10^{-23} 秒，比十亿分之一秒的十亿分之一还小很多。在这样一段时间内，一个胶子（原子核内的“胶”状粒子）将经历从产生到湮灭的全过程，一个 π 介子（原子核碰撞过程中产生的粒子）运动整 1 英尺就等于经过了一段相当于质子直径千万亿倍的距离，并且需要花费 10^{-9} 秒这样冗长的时间。那些寿命长到足以在探测器中留下轨迹的粒子，具有 10^{-10} 秒到 10^{-6} 秒的寿命。中子是尤其特殊的例子，它们具有长达 15 分钟的平均寿命，堪称粒子世界的老寿星。

由于实验上测得的最短距离约为 10^{-18} 米，所以相应的最短时间约为 10^{-26} 秒（尽管时间的直接测量还远远不能达到这么短的时间间隔）。** 已知的最长时间是“宇宙的寿命”，也就是宇宙膨胀持续的时间，目前估计

---

* 你可以察觉百分之一秒的图像闪动，但不能察觉千分之一秒的图像闪动，有些奥运会比赛项目的胜负就要通过百分之几秒来判定。

** 宇宙学家们已经大胆地将他们的运算回溯到大爆炸后 10^{-43} 秒的瞬间。

为 137 亿年，将近 10^{18} 秒。最长和最短的时间之比为 10^{44}，这与已知的最大和最小距离之比一样，是完全相同的巨大的比例数。这并非巧合，宇宙的最外层空间正在以接近光速远离我们，而亚原子世界中的粒子也是以这样的速度飞行。在宇宙和亚原子的前沿，光速成为距离和时间测量之间自然的纽带。

质　量

质量是一种惯性量度——使得一个静止物体运动以及使得一个运动物体停止或偏转的难易程度。你可以并不费力地停住一个掷来的棒球，但是要想停住一个以相同速度向你运动过来的保龄球就相当困难了。至于以相同速度运动的载重货车，就更别企图使它停住了。保龄球具有比棒球更大的质量，或者说惯性，载重货车的质量和惯性就更大了。物体的质量越大，要想改变其运动状态就越难。与普通物体相比，亚原子粒子几乎没有质量。每时每刻，你都使得大量涌入你体内的 μ[缪] 子停下来，而你却没有任何感觉。(μ 子是宇宙射线在高层大气层中产生的非稳定粒子，它们向下飞速运动，并形成所谓的背景辐射。)

在日常生活的世界中，我们常把质量当成重量，通过称重来测量一个物体的质量。有时候 (并非真属偶然，其中有着深刻的原因)，一个物体所受的重力与其质量成正比。因此，在地球表面上，我们能够通过测量物体所受向下的地球引力的大小来确定其质量。这一工作在杂货店或者卡车称重站可以取得很好的效果，但却无法在外层空间中实现。位于旋转空间站船舱的宇航员处于失重状态，但是仍然有质量。假如在轨道运行中的宇航员朱丽叶或者杰克站在天平盘上，天平的读数就会为零，这就是我们所说的失重。但是假如朱丽叶和杰克握手并彼此推开，他们就都必须施加一定的力才能开始运动，这是因为他们每个人都有质量，或者说都有惯性。他们飘动远离的速度与他们的质量成反比。在他们彼此推开之后，假如朱丽叶以 1.2 米 / 秒的速度飘移，杰克则以 1.0 米 / 秒的速度飘移，这是因为杰克的质量是朱丽叶质量的 1.2 倍，他阻碍从静止到运动的能力就更大。朱丽叶可以通过投掷一个 1 千克的重物，比较重物飞离的速度比她自己退后的速度快多少来测量自己的质量。实际上判断宇航员在长途飞行中是失重还是超重，是通过让宇航员在一个特制的椅子中来回晃动来判断的。这种椅子中的装置可以测量出宇航员抗拒晃动的能力的大小，并将测量结果转化为“重量”（实际上就是质量）。

粒子的微小质量可以通过相同的方式进行测量。假如粒子带有电荷，它会在磁场的作用下发生偏转。只要知道粒子速度，科学家就能从粒子轨迹曲率中推导出粒子的质量。我们还要讲讲粒子运动的刚性，也就是粒子反抗运动方向改变的量度，质量越大、速度越快的粒子具有的运动刚性也越大。

爱因斯坦的质能方程（$E=mc^2$）也提供了一种测量粒子质量的方法，我将对这一方程进行讨论，并在下一节中介绍其应用。现在我们只需知道，一个实验者如果知道粒子的总能量——例如通过了解粒子如何产生——并且测量了其动能（运动的能量），那么他只要从总能量中减去动能就可得到质量能，从而得到其质量。

正如本章前面所指出的，能量被普遍应用于测量和报道粒子质量，例如，当我们说一个质子的质量是 938 兆电子伏特（938 MeV）时，意思就是质子的质量乘以光速的平方，就能得到这个能量值。在千克单位下，质子的质量是 1.67×10^{-27} 千克，非常小。因此也就不难理解为什么使用兆电子伏特或吉电子伏特比用千克来衡量粒子质量更为方便了。

在结束宇宙层面的质量讨论之前，不妨问一个问题：宇宙的质量是多少？这确实还不太清楚，但是能够做出粗略的估计。天文学家们认为目前可见的宇宙中大约有 10^{22} 颗恒星（比 1 克水中所含的分子数略少），平均每颗恒星重约（也就是质量约为）10^{30} 千克，从而所有恒星总质量约为 10^{52} 千克。每千克物质包含约 10^{27} 个质子，因此，目前可见宇宙中包含（非常粗略的估计）10^{79} 个质子。* 同时还有不可见的宇宙（即所谓的暗物质），其质量可能是可见宇宙的 5 倍。什么是暗物质？这是目前宇宙学上尚待解决的重大问题之一。

能　量

就像一位演员，以一种装束从舞台上消失，又以另一种装束在舞台上再次出现，能量也有许多装束，并且能迅速地从一种形式转变为另一种形式。由于其丰富多样的形式，几乎在所有对自然界的描述中都会有能量出现，它完全有理由成为科学界最重要的、独一无二的概念。

能量的重要性不仅仅来自其多样的形式，更在于其守恒的性质：宇宙中能量的总量总是保持不变，一种形式的能量消失总是能够通过获得另一种形式的能量来补偿。我们曾经提及势能、化学能、核能、电能、辐射能、热能等，在粒子世界中，只有两种重要的能量形式——动能和质量能。动能是运动的能量；质量能则是本质的能量。

一个粒子运动速度越快，其动能就越大。静止时，其动能为零。两个以相同速度运动的粒子，质量越大的粒子动能就越大。** 光子是个特例，它们以恒定的速度 c 运动，尽管质量为零却拥有动能。由于它们不能减

* 据推测，宇宙的已知部分可能含有的电子数约为 10^{79}，还含有 10 亿倍于此的光子，大致为 10^{88}，此外还含有与光子数相当的中微子。（物理学家乔治·伽莫夫 [George Gamow] 经常随身携带一个写有如下提示的小火柴盒：“保证至少含有 100 个中微子。”）

** 在速度远远小于光速的情况下，质量为 m，以速度 v 运动的粒子具有的动能可表示为 $KE=(1/2)mv^2$。当速度接近光速时，由于这些“经典”公式中的 KE 会随着速度接近光速而逐渐趋于无穷，所以需要代之以“相对论”公式。不过光本身所遵守的是不同的公式，其 KE 依赖于其频率或波长，一个蓝色光子具有的 KE 大于一个红色光子。

速或停止（尽管它们能够被毁灭），所以它们的动能可以永不为零。由于它们没有质量，所以它们也没有质量能。它们是纯粹运动的怪物。

20 世纪早期，爱因斯坦发现质量是能量的一种形式，这个众所周知的公式是：

$$E = mc^2$$

我们来看看这个公式的含义。首先，它告诉我们，质量能，或者说本质的能量，正比于质量，质量增加两倍意味着质量能也相应增加两倍，没有质量就意味着没有质量能。c^2 这个量，即光速的平方，被称为比例常数，它的作用是将表示质量的单位转换成表示能量的单位。与之类似，你为汽车加油所需的花费可由下面方程给出：

$$C = GP$$

汽油价格，即 C 的值，等于汽油加仑数 G 乘以每加仑汽油的价格 P。即你加油的花费正比于汽油加仑数，而 P 则是比例常数，它将加仑数转换成了钱数。相同地，c^2 就相当于价格，它代表着每单位质量对应的能量，即每产生单位质量就必须付出的能量代价，并且是高昂的代价。在标准单位（能量单位为焦耳，质量单位为千克）下：$c^2 = 9 \times 10^{16}$ 焦耳 / 千克，因此质量代表着能量的高度浓缩，一点点的质量就能产生很大的能量，而要想制造一点点的质量却需要很多的能量。

现代加速器的一个主要目的就是将动能转化为质量能。当一个动能为其静止能量一千倍的质子与另外一个质子发生碰撞时，大量的动能可用于产生新的质量，将有几十个或几百个粒子从碰撞点飞出，通过运用能量和动量守恒定律就可以对这一碰撞过程进行分析。*

* 动量是一个向量（或曰矢量），它指向粒子运动的方向。在经典物理中，动量为质量和速度的乘积，即 mv，牛顿称之为“运动的量”。对于高速运动的粒子，动量则为 $mv/\sqrt{1-(v/c)^2}$，这里 c 为光速。一个指向北的动量与一个大小相等但指向南的动量“相加”为零。

阿尔伯特·爱因斯坦 [Albert Einstein]（1879—1955），理查德·阿伦斯 [Richard Arens] 摄于1954年。承蒙美国物理联合会塞格雷视觉档案室许可使用照片

了解了能量的多种形式，你就不会惊讶于大量不同测量单位的出现。1 焦耳就是一个质量为 2 千克的物体以 1 米 / 秒速度运动时的动能。1 卡就是 1 克水温度升高 1 摄氏度时所需要的能量，约为 4 焦耳。1 个食物卡（也称为“大卡”，或首字母大写的卡路里 Calorie）就是 1 000 卡，保证人体运转一天所需的能量是 2 000—3 000 大卡。还有一个单位是千瓦时，它常出现在每个月的电费账单上，1 千瓦时等于 3.6 兆焦耳，可以让 100 瓦的灯泡发光 10 小时。*

在亚原子世界里，能量和质量也用同一个单位量度，即电子伏特。最早的回旋加速器出现在 20 世纪 30 年代，可将粒子加速到几兆电子伏特（MeV），此后的几十年中，加速器能量不断攀升，从几百兆电子伏特到好几吉电子伏特（GeV），现在已经超过了千吉电子伏特（TeV，兆兆电子伏特或万亿电子伏特）。加速器能量已经大大超过了最热物质的热能。太阳表面质子运动的动能也仅为 1 电子伏特，是禁锢在质子质量中的能量的十亿分之一。而在千吉电子伏特级的加速器中，质子能够获得上千倍于其静止能量的动能。有些从外层空间轰击地球的宇宙射线能量可达 10^{20} 电子伏特，远远大于地球上所获得的最高粒子能量，这些宇宙射线中的粒子从何处获得如此巨大的能量仍然是个谜。

电　荷

电荷是一种属性（一种难以形容的属性），一个粒子将会吸引另外一个电荷属性相反的粒子，中性粒子不带电荷，不能吸引其他粒子（至少不能有静电吸引）。电荷能够成对出现，例如，氢原子由一个电子和一个质子通过静电吸引共同组成。更多高能粒子则在静电力作用下不能成对

* 报纸常将能量和功率混淆。功率，单位为瓦（特），表示单位时间的能量；而能量，即电力公司卖给你的，则是功率乘以时间（如千瓦时）。

出现，它们只能偏离直线运动。

同种电荷（同正或同负）相斥，异种电荷（正和负）相吸。在一个原子核内，带正电的质子互相排斥，而由胶子所提供的具有吸引力的“凝胶”则克服这种排斥作用而将整个原子核结合在一起——达到某种程度。对于那些非常重的原子核，静电力的作用最终将超过胶子的结合作用，整个原子核就分裂了。这就是为什么在自然界没有比铀核更重的原子核。

对于宇宙中大尺度的物体（行星、恒星以及星系），万有引力——所有物体所固有的微弱吸引力——将占上风。在小尺度上，很容易看到静电力超过万有引力。用梳子梳梳你的头发，然后就能用它把少许纸从桌面上吸起来，梳子上只要有万亿分之一（10^{12} 分之一）的电荷不平衡，就足以让梳子提供比竖直向下的地球引力更强的静电力作用，而将桌子上的纸吸起来。假如梳子以某种方式获得了大量的电荷而导致电荷严重不平衡，那么在梳子上的电荷被中和的过程中，一道致命的闪电将出现在梳子和你的脑袋之间，也就是说当用梳子非常用力地梳头时，它将有可能成为一个致命武器。

哪种电荷被称为正电荷，哪种电荷被称为负电荷，实际上完全是人为的，这是历史的偶然。在 18 世纪中叶，本杰明 · 富兰克林 [Benjamin Franklin] 提出，有一种电流易于从一个物体流向另一个物体，这种电流后来被称为正电流。这样，质子最终被称为正电荷，而电子被称为负电荷。现在我们已了解，实际上在金属中，是带负电的电子在移动，并且因此而产生了电荷的流动。

电荷正如本节开始所提到的那样神秘，物理学家们认为电荷是守恒的（这与自然界微妙的数学对称性有关），但无法真正理解电荷的量子化。为什么质子和电子所带的电荷总是完全相等的量值？为什么我们观察到的所有粒子所带的电荷要么等于质子的电荷（+1）或其负值（–1），要么是质子电荷简单的倍数（比如 +2 或 –2 倍），而夸克却带有分数电荷（如 +2/3 或 –1/3）？在紧挨着带电基本粒子的地方到底会发生什么？假如粒子是一个没有大小的真实点，那么粒子处的电场将无限大。* 假如粒子有大小，为什么构成它全部电量的电荷没有导致它分崩离析？粒子所在处的空间和时间被彻底扭曲了吗？这些问题或许并不是非常恰当，但是这些问题还是表明了我们不能说对于电荷已经有充分而深刻的理解。

电子功勋卓著，因为它不仅仅是一种非常特殊的基本粒子（最轻的带电粒子）——它还为重工业和信息产业立下汗马功劳。电子在计算机的微电路中运动；在收发无线信息的天线中振动；当电子通过导线产生脉冲时，就能产生强大的动力；当电子在运动过程中遇到阻碍时，就会发出光和热。

在我们日常世界中，电荷的单位是库仑（以法国科学家查尔斯 · A. 库仑 [Charles A. Coulomb] 的名字命名，他于 1785 年发现了静电力的精确定律）。1 库仑大致相当于 1 秒钟内一个 100 瓦灯泡所流过的电荷电量。在亚原子世界中，电荷的单位当然就更小。正如表 A.2 中所示，单位电荷 e 等于 1.6×10^{-19} 库仑（比 1 库仑的百亿亿分之一还小）。通过这个数字换算，可知每秒内通过这个 100 瓦灯泡的电子约为 6×10^{18} 个。

自 旋

从光子和中微子到星系和星系团，几乎所有物体都在旋转。我们的地球每天绕着它的自转轴转一圈，并且每一年绕太阳转动一圈。太阳自己也绕着自转轴每 26 天旋转一周，同时每 2 亿 3 000 万年绕着银河系中

---

* 根据平方反比律，与粒子的距离越近，力场就越大，当距离为零时，力场达到无穷。

心转一周。在更长的时间尺度上，星系也彼此围绕旋转，聚集成团。问“宇宙整体也在旋转吗？”这样的问题是没有实际意义的，因为必然会有人问到“相对于什么旋转？”。著名的逻辑学家库尔特·哥德尔 [Kurt Gödel] 曾经对一个相关的问题产生了兴趣：是不是多数星系都沿着同一个方向转动？他通过数据对这个问题进行了解释，星系的旋转轴在各个方向上任意分布。在这个意义上，宇宙作为一个整体显然并没有在转动——至少我们无法探测到它的转动。

在更小的尺度上，分子在转动（转动速率与温度有关），原子内的电子也在绕着原子核旋转，其转动速度从光速的 1% 到 10% 以上。原子核也能旋转——原子核的大部分都在旋转——原子核内的质子、中子、夸克以及胶子都同样在旋转。实际上，大部分粒子，无论是基本的还是复合的，都有这种旋转性质。*

对于各种不同的尺度，区分两种不同的转动都是非常有用的。一种是绕着自身的轴的旋转（比如地球每天的自转），我们称之为自旋。另一种则是绕着其他点的旋转（例如地球绕太阳年复一年的公转），我们称之为轨道运动。这两种转动都可以通过角动量来进行测量，即对转动系统

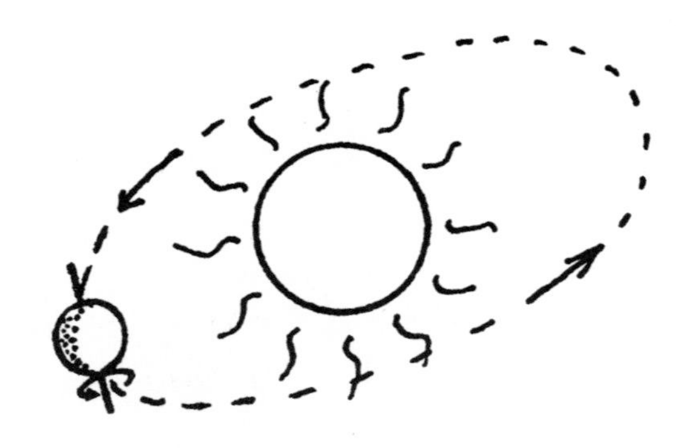

图2　自旋和轨道运动

* 当自旋问题让我的那些上高中物理课的学生心烦意乱的时候，我发给他们一些上端印有“一切都在转动”的信笺，以振作他们的精神。

的质量、尺度以及速度进行综合测量。角动量测量转动运动中的“力度”或“强度”。同样地，普通的动量用于测量直线运动的“力度”。对于基本粒子，无法实际考察其转动速率。但是，电子和其他粒子的确都具有可测的角动量。

尼尔斯 · 玻尔 [Niels Bohr] 在 1913 年提出了具有里程碑意义的氢原子理论。他在该理论中给出了角动量量子化规则，他提出普朗克常数除以 2π（这个量我们现在称之为 *h-bar*，记为 $\hbar$）是轨道角动量的基本量子单位，这意味着一个电子（更广泛地，包括任何其他粒子）的轨道角动量只能具有 0、$\hbar$、$2\hbar$、$3\hbar$ 等一系列的值，而不能取这些值之间的任何数值，原子数据有力地支持了这一规则。直到 1925 年荷兰物理学家萨缪尔 · 古兹米特 [Sam Goudsmit] 和乔治 · 乌伦贝克 [George Uhlenbeck] 发现，电子除了轨道角动量外，还具有大小为 $(1/2)\hbar$ 的自旋角动量，仅为先前所认为的不可再分的单位角动量的一半。现在我们知道，对于电子和夸克，内禀自旋为半奇数，而对于光子，内禀自旋则为整数。

确定的粒子有且只有一种自旋，代表着该粒子的特性，是这样吗？

这位司机一定很崇拜马克斯 · 普朗克

具有不同自旋的两个粒子是否有可能是相同粒子的两种不同形式呢？是的，但是改变自旋是一种剧烈的变化，以至于可以将它们视为不同的粒子。假如你有一个长木柄，可以装在斧头上，也可以装在耙子上，那么这个斧头和这个耙子是相同工具的不同表现呢，还是它们根本就是不同的工具？如果你具有粒子物理学家的思维，你就会认为它们是不同的工具。

需明确的是，$\hbar$ 等于 1.05×10^{-34} 千克 × 米 × 米 / 秒。指数上的 –34 是告诉你，比起我们日常世界中遇到的角动量，自旋单位小得令人难以置信。那么我们对于单个电子自旋那么小的量该如何测量呢？这个测量并不难，有如下两个理由。第一个理由是所有电子具有相同的自旋，因此可以对大量电子的自旋集体效应进行测量。另一个理由是自旋的方向是量子化的，这意味着自旋粒子的转动轴的指向只能沿着某些特定方向，而不是沿着任意方向。对于一个具有二分之一自旋单位的电子，只有两个允许的自旋方向，我们称之为向“上”和向“下”。当一个原子处在磁场中时，这两个自旋方向具有略微不同的能量，以至于自旋向“上”和自旋向“下”的电子会发射出频率略有不同的光子，可以对这一频率（或波长）进行高精度的测量，从而不难揭示出导致电子自旋“翻筋斗”的能量。

角动量量子化在大尺度的世界中原则上也是同样存在的。但是设想一下，假如一位网球爱好者将他或她的“自旋”从 10^{33} 个量子单位改变到 $10^{33}+1$ 个量子单位，这种微小的改变实际上小到无法察觉，就像把美国的国民生产总值改变一美分的百亿亿分之一，或在地球所有生命物质的质量中减少一个细菌的质量那样无法察觉。

测量单位

我们通常使用的测量单位，甚至科学工作中所使用的测量单位，都是人为定义的，对掌控物理世界的根本定律没有什么特殊要求。但是量子理论和相对论却为我们展现出两个与自然的规律更协调一致的“自然的”单位。一个仍旧无法回答的问题是，是否还有第三个自然单位有待发现？

米的最初定义是从地球极点到赤道距离的千万分之一，千克则是体积为 0.001 立方米（1 升）的水具有的质量。因此米和千克这两个单位的定义都依赖于地球的大小，没有理由认为地球的大小会有任何特殊性。第三个基本单位秒，也与地球的性质，即地球自转的速率有关——依然没有什么特殊性，只是因为埃及人把昼和夜分别分为 12 份，而苏美尔人则喜欢用 60 来计数，因此 1 小时就是 1 天的 1/24，1 分钟就是 1 小时的 1/60，1 秒钟就是 1 分钟的 1/60。*

普朗克常数 h 和光速 c 这两个自然单位到现在已经有一百多年了。在 1900 年马克斯·普朗克引入他的这一常数时，它还只是一个全新理论中出现的新数，正是量子理论中的这个基本常数为我们给出了亚原子世界的尺度范围。假如 h（只是假想）更小些，原子就会更小，而量子理论的奇异就会更加远离我们的日常经验。假如 h 能够魔幻般地增大，自然界就会变得“粗笨”，而量子现象就将更加明显。（这些讨论并不严谨，假如 h 更大或更小，所有的事情都将有所不同，包括科学家们正在研究的自然界。）

当 1905 年爱因斯坦把光速作为他的相对论的关键因素时，光速既不是新的数值也不是新的概念，但光速问题却是全新的：光速是自然界的

---

* 米和秒目前已根据原子标准进行了定义，不过所选用的这些标准是与最初基于地球的定义相一致的。

速度极限，并且连接着空间与时间以及质量与能量。因此，正如 h 是量子理论的基本常数，c 同样是相对论的基本常数。

无论 h 还是 c 都并非直接表示质量、长度或时间，但是这两个常数都可以通过上述三个量的简单组合来得到。假如还会有第三个自然单位，它们将形成与千克、米和秒一样完备但更令人满意的测量基础。（善于思考的读者或许会提出电荷量子单位 e 作为第三个自然单位的候选。不幸的是它并不适合，因为它并不独立于 h 和 c，就像速度不独立于时间和距离一样。）

各种测量，不论采用什么单位，最终都是以比率的形式表示。如果你说你的体重是 151 磅，你实际是说你的体重是标准物体（1 品脱水）重量的 151 倍。一节 50 分钟的课程就是人为定义的时间单位 1 分钟的 50 倍。使用自然单位，我们就能根据某些重要的物理量来取比率，而不是按照一个人为定义的单位来取比率。在自然尺度上，一架速度是 $10^{-6}c$ 的喷气式飞机是相当慢的，一个速度为 $0.99c$ 的粒子就很快了，一个 $10\,000\hbar$ 的角动量很大，而一个 $(1/2)\hbar$ 的角动量就很小了。

在某种意义上讲，“自然的”单位 h 和 c 也是任意的，但是科学家们认为它们与自然界的根本特征是直接相关的。对于“全自然”的物理学，我们需要更加自然的单位，但这种单位尚未出现。假如能够找到这种单位，或许是长度单位，或许是时间单位，这样一个单位必将开辟亚原子世界——或者，更有可能的是亚亚原子世界——空间和时间的新景象，我们目前在亚原子世界中所考察的层面与真实的层面还有很大差距。

结识轻子

电子和正电子的哪些性质相同？哪些性质相反？

早期的什么证据表明中微子根本没有质量？

科学家们崇尚简单，被认为“简单”的理论有哪些特征？

在我们对自然的描述中，复杂性的三个层次是什么？

……

设想这样一个有关三个家族的神话故事。第一个家族住在山谷中，爱吃香草冰激凌。第二个家族住在更高的毗邻高山的平顶高地上，爱吃巧克力冰激凌。第三个家族住在山顶上，喜欢吃草莓冰激凌。这三个并不通婚的家族之间的交往很少，不过他们的成员都有一些共同点，尽管人类学家并不清楚他们之间到底有怎样的关系，但他们看起来是有关联的。一个更高海拔的家族中任何消亡的成员都会神奇地转变成海拔较低家族的三个成员。山谷家族的成员从未经历过自然死亡，但是他们有可能被来自其他地域的入侵者消灭。由于没有更好的名字，人类学家称这三个家族为味道 1、味道 2 和味道 3。这正是对被称为轻子的粒子的极好描述。电子和它相应的中微子形成山谷家族；μ 子和它相应的中微子形成高地家族；τ[套] 轻子及其中微子形成山顶家族。物理学家们也不太清楚这些家族之间的关系，只是分别将它们称为味道 1、味道 2 和味道 3。（可以认为这是按口味进行的命名。）

因此，一共有六个轻子，三种味道每种两个轻子。“lepton [轻子]”这个词源于希腊语，意为“小”或“轻”，对于电子和中微子而言，无疑是一个非常合理的名称。不过，新的发现往往会超越术语，就像表 B.1（见附录 B）中所显示的那样，τ 轻子一点也不轻，这就好比人类学家在发现山顶家族的一些成员居住于山顶之前，就将这个喜爱冰激凌的家族命名为“低地部落”了。

表 B.1 汇集了轻子的部分性质。轻子的自旋都是 1/2，它们或者是中性（不带电荷）或者带单位负电荷。每个轻子都有一个反轻子，与之质量相同而电荷相反（电荷为零的轻子的反轻子电荷也为零）。有些轻子不稳定。（不稳定意味着具有放射性，也就是说存在短暂的——且并非完全可预期的——瞬间之后，粒子将突然变化，或者说衰变成了其他粒子。）

表中并未显示轻子之间都是弱相互作用，这使得它们完全不同于那些强相互作用的夸克（你将在下一章中遇到夸克）。与夸克的情况类似，尚未找到轻子的构成成分（因此我们称之为基本粒子），也不知道其大小，迄今为止的所有实验中（以及成功的理论描述中），轻子的运动都被当作点粒子处理。

电　子

电子，表 B.1 中的第一条，不仅仅是最著名的轻子——它还享有已知第一基本粒子的殊荣。

1897 年，英国剑桥大学物理学教授约瑟夫·约翰·汤姆生 [J. J. Thomson] 打算对阴极射线进行更深入的研究。当时，他和其他科学家都

约瑟夫·约翰·汤姆生 [J. J. Thomson]（1856—1940）。承蒙阿贡国家实验室及美国物理联合会塞格雷视觉档案室许可使用照片

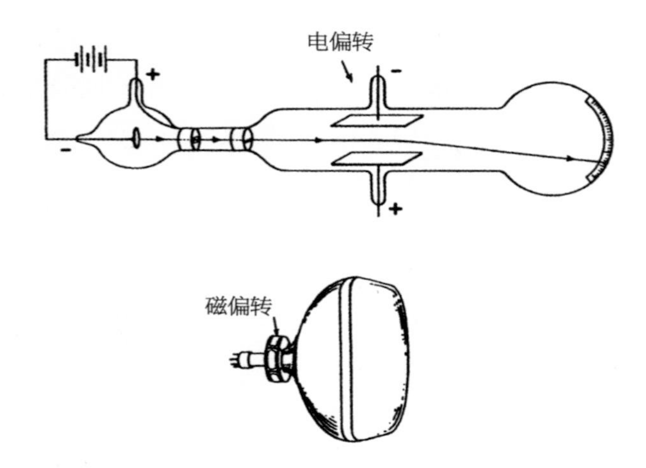

图3　汤姆生的CRT（上图）和现代CRT（下图）

知道，若在一个抽真空的玻璃腔内放置两块带电金属板，一块带正电，一块带负电，在它们之间加以高电压，那么将会产生某种“射线”从负极板指向正极板。由于负极板被称为阴极（正极板被称为阳极），所以把这些很神秘的射线称为“阴极射线”。（沿用这个名称，我们还把电视机和某些计算机中的显示装置称为阴极射线管或 CRT。）

汤姆生和当时的人们认识到，尽管阴极射线在正常情况下也是沿着直线轨迹运动，但是在外加磁场的情况下，它将会发生偏转。通过测量偏转角，汤姆生得出结论，这些“射线”是由带负电荷的粒子组成的。此外，通过磁场和电场的偏转，* 汤姆生还测量出这些粒子的质量和电荷之比（m/e），并发现这一比值是氢离子（我们现在知道氢离子实际上就是一个简单的质子）质量电荷比的千分之一，他写道：“这样小的质量电荷比可能是由于质量 m 较小或是电荷 e 较大造成的，或者是这两种因素共同存在所导致的。”基于阴极射线粒子具有轻松通过稀薄气体的能

* 今天的计算机显示器或者电视机显像管（如果是 CRT）使用磁偏转驱动电子到达屏幕上不同点，而在实验室示波器中，则是通过电场偏转电子。

力，汤姆生得出了非常正确的结论，他认为这种粒子无法携带大量电荷，因而质量一定比原子小。汤姆生的这些测量以及结论导致了电子的发现。

当汤姆生写下“我们认为阴极射线中的物质处在一种全新的结构状态，这是一种比普通气态中的物质结构更加细分的结构状态”时，他实际上就已开启了粒子物理——或者说是亚原子物理——的研究。科学家们立刻意识到了这种新的不起眼的带负电粒子一定是原子的组成部分。当时他们知道，由于在电磁过程中原子易被电离（从而带电荷）或发射出光，所以自然界中的原子通常都是显电性的。因此，电子一经发现，立即被归入原子。继而物理学家们开始了“构造”原子结构这一激动人心的过程。1913 年尼尔斯 · 玻尔在氢原子方面的理论工作成为该方向最大的突破，随之而来的是 20 世纪 20 年代中期完整量子理论的诞生以及对原子结构的完备解释。

1896 年，就在汤姆生发现电子之前不久，法国的亨利 · 贝克勒尔 [Henri Becquerel] 发现了放射性：某些重元素“辐射”的自发发射。世界各地的科学家们立即展开工作，开始寻找能够产生辐射的放射性原子。法国的居里夫人和居里 [Marie and Pierre Curie] 以及曾经在加拿大工作，后来到英国开展研究的欧内斯特 · 卢瑟福等人是这一研究领域的先驱。这些早期的研究者了解到放射性原子发射出三种辐射，由于对这些辐射的确切性质仍不了解，他们按照希腊字母表的前三个字母将它们分别命名为 α 射线、β [贝塔] 射线和 γ [伽马] 射线。数年之后（1903 年），α 射线被标识为双电荷态的氦原子（我们现在知道那实际就是氦核），而 β 射线则被标识为电子。因此，阴极射线、β 射线以及电子都是一回事。*

* 12 年后，γ 射线被确定为电磁辐射，因而最终被标识为光子。

在结束电子的讨论之前，我想说说电子的反粒子，即正电子。1928年，英国一位才华横溢却沉默寡言*的物理学家保罗·狄拉克 [Paul Dirac]，写下了一个同时将相对论和量子力学囊括在内的方程（意料之中的是我们现在称之为狄拉克方程）** 以期对电子进行描述。且不说全世界同行的惊讶，让狄拉克本人意想不到的是，这个方程给出了两个令人吃惊的结论。首先，它"预言"了电子具有 1/2 自旋。当然，那时人们已经知道电子具有 1/2 自旋，但是没人知道为什么，更没人想到电子的这个性质能够从一个数学描述的理论中自然得到。

第二，狄拉克方程暗示了反物质的存在。它预言电子应该有伴随粒子——反电子，伴随粒子具有与电子相同的质量和自旋，但是带相反电荷。根据狄拉克的理论，当一个正电子和一个电子相遇，将会产生微小的爆炸，噗！不再有电子，也不再有正电子——只有一对光子在它们相遇时产生。这一预言对于当时的物理学家来说有点难以接受，因为并没

保罗·狄拉克 [Paul Dirac]（1902—1984），约摄于1930年。承蒙英国剑桥卡文迪许实验室许可使用照片

---

* 针对玻尔对狄拉克少言寡语的评论，卢瑟福给玻尔讲了个故事，有位顾客因买回的鹦鹉不讲话而失望地到宠物商店退货。"哦，"店主说，"真抱歉，您想要只会说话的鹦鹉，而我却卖给您一只思考问题的鹦鹉。"

** 什么样的数学公式具有如此独创性的成就？就是下面这个公式，对于一个自由电子：$(\mathrm{i}\hbar\partial/\partial t-\mathrm{i}\hbar c\alpha\cdot\nabla+\beta mc^2)\Psi=0$

卡尔·安德森 [Carl Anderson]（1905—1991）。承蒙美国物理联合会塞格雷视觉档案室及梅格斯诺贝尔奖得主图库 [Meggers Gallery of Nobel Laureates] 许可使用照片

有观测到这么轻的正粒子，也从未看到过"湮灭"事件的发生。狄拉克本人也一度对自己方程的这一预言产生怀疑，甚至有过这样的想法，或许质子就是电子的反粒子，但是他很快就意识到这不大可能，并且粒子与其反粒子具有不同质量的想法实在"不雅"。

狄拉克与在他之前的爱因斯坦一样信奉经得起简洁、普遍以及"美"考验的方程，这是一种基于物理学的信仰吗？是的，至少在某种程度上是这样，但这是一种以先前知识为支柱的坚定信仰——这是一种已经成功驱动物理学主要进展的信仰，可以回溯到开普勒、伽利略以及牛顿。实际上，狄拉克坚持认为他的理论完美到不可能有错误，现在的问题是通过实验去验证其正确性。狄拉克如愿以偿，1932 年，美国加州理工学院的卡尔·安德森 [Carl Anderson] 在暴露于宇宙射线的云室中发现了一个反电子——现在普遍称之为正电子——的轨迹。* 不久，法国的弗雷德里克和艾琳·约里奥－居里 [Frédéric and Irène Joliot-Curie] 发现了更多的

* 卡尔·安德森在一次聚会上曾告诉我，要想知道一位著名物理学家的年龄，只需要假设他在 26 岁时做出自己最著名的工作即可推算出。在这次聚会后，我在一本参考书上查找安德森，确实很管用，他就是在 26 岁发现了正电子（1932 年 9 月他才满 27 岁）。爱因斯坦也符合这个规则，而玻尔也很接近。

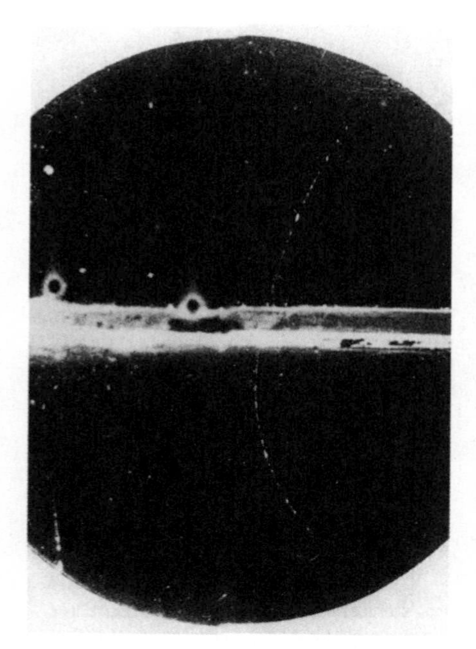

安德森的云室轨迹标识出了正电子。他告诉我们粒子向下飞行是由于金属板导致粒子减速，在金属板下粒子轨迹更大的弯曲表明在那里粒子运动得更慢。因此粒子偏向左侧，与向右偏转的负电荷粒子的轨迹相反。由卡尔·安德森拍摄，承蒙美国物理联合会塞格雷视觉档案室许可使用照片

证据。他们制造出一些新的放射性元素，其中有些元素衰变之后放射出正电子而不是电子。狄拉克、安德森以及约里奥–居里夫妇均于20世纪30年代获得了诺贝尔奖。（弗雷德里克在1925年为艾琳的母亲、诺贝尔奖得主玛丽·居里做助手时，与艾琳相识，1926年弗雷德里克与艾琳结婚之后，他们的姓氏就连到了一起。）

现在我们知道每种粒子都有一个反粒子。对于一些中性粒子，这些粒子就是它们自己的反粒子。例如，光子就是它自己的反粒子。但是大部分粒子都有一个与之不同的伴随反粒子，表B.1中所有六种轻子都有与自己不同的反粒子。

电子中微子

在介绍电子的中微子之前，我必须首先简单介绍一下 α、β 以及 γ 辐射。

放射性

贝克勒尔和他的合作者们在 19 世纪末发现了某些元素具有自发的活性，会发射出射线，因此称之为“放射性”。在此后大约十年内，科学家们了解到射线并非逐渐逸出，而是在突然的“爆炸”中释放出来，每次辐射释放出的能量要比化学反应中单个原子放出的能量大得多（将近 100 万倍）。一个原子核的突发放射性转变 * 被称为一次衰变事件（这种衰变与朽木的腐烂——或是一位年迈的物理学家的衰老不大一样）。一个原子核衰变时没有严格的时间表，衰变会在某一不确定的时间进行，这一时间只受概率限制。在一定时间范围内，一个给定原子核有 50% 的衰变概率，这被称为半衰期。** α 和 β 衰变都会使得原子核变成另外一种不同的原子核，从而成为新的元素，而这种新元素可能有也可能没有放射性。如果有，它也将具有不同的半衰期。正如前文所说，原子核释放出来的并非通常意义上的“射线”，而是一个“子弹”——一个 α 粒子、β 粒子或 γ 粒子。

一个原子核能发射出一个 α 粒子并不稀奇，α 粒子本身就是一个小原子核，所以只是从一个大块原子核上剥离出一个小块原子核。不过这

---

* 放射性发现数年后，仍然不清楚原子内部的结构，所以贝克勒尔和他的合作者们无法在原子内部找到放射性的根源。1911 年，英国曼彻斯特的卢瑟福及其合作者们通过实验发现，原子的大部分质量都集中在原子中心一个非常小的核内，直到此时，原子核就是放射性的根源所在这一事实才变得逐渐清晰起来。

** 放射性原子核的半衰期从千分之几秒到几十亿年。此外，对寿命的测量还有平均寿命。特定原子核的半衰期是其平均寿命的 69%。

亨利 · 贝克勒尔 [Henri Becquerel]（1852—1908）。承蒙美国物理联合会塞格雷视觉档案室许可使用照片

里有一个问题，为什么 α 粒子要等待这么长时间才离开它的母粒子——有时达数百万甚至几十亿年？ 1928 年，乔治·伽莫夫（俄裔物理学家，后居住在哥本哈根）以及英国物理学家罗纳德·格尼 [Ronald Gurney] 和他的合作者美国物理学家爱德华·康登 [Edward Condon] 各自独立地解决了这一问题。为了说明 α 衰变的迟滞，他们使用了当时刚刚发展起来的全新的量子力学工具。他们指出，根据经典理论，α 粒子由于被核力束缚太紧而无法脱离其母核。但是根据量子理论，它可以通过“隧穿”而自由，量子的不可思议跃然纸上，并且还被大家普遍接受了。α 粒子能够以一定的小概率穿过一个“不可穿透”的势垒飞出去，留下一个电荷和质量都减小了的原子核。

γ 衰变，一旦被物理学家们认识到实际就是发射的高频电磁射线，它就一点也不神秘了。正如原子中的电子从一个量子态跳到另一个量子态时将发射光，原子核中的质子也应如此。由于质子以更高频率振动，并且相对于电子能够跳到更高能量的量子态，因此它们发出的“光”要比原子中电子发射的光频率高得多，我们把这种光称为 γ 射线。用现代术语表述的话就是，原子核量子跃迁产生（发射）的光子要比原子量子跃迁产生和发射的光子具有更高的能量和更高的频率。1905 年，爱因斯坦对马克斯 · 普朗克在五年前给出的公式 $E=hf$ 进行了解释，这个公式表明光子的能量 E 与光子的电磁振动频率 f 成正比，比例常数是普朗克常数 h。因此，假如一个光子是另一个光子能量的两倍，那么它的频率也将是另一个光子的两倍。假如一个原子核 γ 射线光子是一个可见光光子能量的一千倍，那么它的频率也将是可见光光子频率的一千倍。由于按照通常的标准，h 是一个很小的量，所以单个光子的能量 E 也很小，但并不为零。由 hf 可知，在某一频率为 f 的射线中，单个光子的能量最小。

因此科学家们在 20 世纪 20 年代对 γ 衰变没有什么疑惑，对 α 衰变（即前面所提到的伽莫夫和康登、格尼令人困惑的解决方案）也只是略感困惑，但是对于 β 衰变，科学家们则感到非常困惑。从原子核中发射电子是不大可能的，至少有三个理由。

第一，无法理解电子在发射之前是如何被束缚在原子核中的。量子力学理论认为一个电子不会局限在一个原子核中，一个束缚在原子核中的电子会有一个相当稳固的位置，但是由于其位置的不确定度很小，其动量的不确定度就会很大（根据海森堡 [Werner Heisenberg] 的不确定性原理）。这就意味着，电子有足够的动能飞出原子核。这有点像去挤压你手中的一个气球，越是压这个气球，气球中的一些部位就越是会从你的指间溜出来，反抗你试图将它变小的努力。

第二，测量表明，从某种特定的放射性原子核中出射的电子所带走的能量，通常并不等于原子核在衰变过程中失去的能量，并且平均而言，还少于原子核在衰变过程中失去的能量。或许是有些能量悄悄地消失了，成为不可见的无法探测的形式，或许是神圣的能量守恒律不再神圣了。

第三则是有关 β 衰变过程前后核自旋的难题。通过测量核自旋，实验者可以指出这个核包含的是偶数个还是奇数个自旋二分之一的粒子。例如，若一个包含奇数个自旋二分之一粒子的原子核发射出一个电子（电子自旋为二分之一），所留下的就是少了一个电子的所谓子核，它应该包含偶数个自旋二分之一的粒子——或者说曾经认为是这样。但是原子核的实际情况与这一预期完全不同。实验揭示出，如果母核包含奇数个自旋二分之一的粒子，则子核也包含奇数个自旋二分之一的粒子；如果母核包含偶数个，则子核也包含偶数个。这是另一个困难之处。

β 衰变以及电子中微子

两个突破解决了 β 衰变。首先是瑞士的沃尔夫冈·泡利 [Wolfgang Pauli] 提出，另外一种粒子——也具有二分之一自旋，质量也很小，但是电中性并且不可见——将伴随着电子一起出射。“亲爱的放射学的女士和先生们”泡利于 1930 年 12 月为在德国蒂宾根召开的物理学家会议这样写道，他没能与会（而是宁肯去苏黎世参加一个舞会）。他把自己关于 β 衰变中的新中性粒子的想法称为是“为了从问题中逃脱出来的孤注一掷之路”。“那时，我的确不敢发表任何关于这一想法的观点，”他继续写道，“因此我首先就想到了你们，亲爱的放射学的朋友们，有个问题相信你们能够解决：这样一种中子在试验中该如何标识？”* 不用说，泡利的“中子”得到了褒贬不一的评价，因为没有人能够想到如何去观测它并测量它的性质。它“解决”了 β 衰变的三个问题之中的两个（能量守恒和

沃尔夫冈·泡利 [Wolfgang Pauli]（1900—1958）在内华达卡林的一个火车站，1931年夏天摄于回加州理工的路上。承蒙美国物理联合会塞格雷视觉档案室许可使用照片，古兹米特收藏

* 这段引自泡利信件的话是从德文原文翻译过来的。

恩瑞克·费米 [Enrico Fermi]（1901—1954），约1928年摄于劳伦斯伯克利实验室，由特巴迟 [G. C. Trabacchi] 拍摄，承蒙美国物理联合会塞格雷视觉档案室许可使用照片

核自旋），但是这样去处理一种物质，似乎只能算是一个假说。

在泡利提出这个建议之后不到两年，“真实”的中子（一种质量与质子相同的中性粒子，并且同样也是在原子核中发现的）就被发现了。此后，一位绝顶聪明而又充满活力的意大利物理学家，后来作为首个核反应堆（位于芝加哥）的建造者而名声大振的恩瑞克·费米*，将泡利的粒子重新命名为中微子或“小中子”。这个名字已成为固定名称，只不过现在我们常在此基础上加上一些修饰语，正如表 B.1 所示，我们还知道中微子有三种“味道”。第一种中微子，即泡利和费米所说的中微子，是电子中微子。

* 费米为人们所熟悉是因为他是一位伟大的教师，又具有非常顽固的习惯。他每天都在相同时间起床，每天吃相同的早饭、听相同的新闻节目。1951 年我与他一起去赫梅斯山脉远足，在一起玩巴棋戏时我了解到，他还是一位不论做什么事情都要努力做成的人。不喜欢费米是不可能的，他也因此受到了学生们的爱戴。

理解 β 衰变所需的第二个突破正是费米在 1934 年实现的。他提出了一个新理论，即一个放射性原子核在发生放射性衰变时，将会产生一个电子，同时产生一个中微子（实际是一个反中微子），这个电子和这个中微子都会立即离开原子核。与之前泡利的推测不同的是，费米的理论立刻就被人们接受了，因为该理论解决了在理解 β 衰变过程中所有令人迷惑不解的问题。例如，该理论正确地说明了在 β 衰变中观测到的电子能量分布。并且，最重要的是，该理论直接为量子物理带来了一个至今仍占中心地位的思想：小尺度世界中的相互作用都是通过产生和湮灭粒子发生的。当时已经知道电磁相互作用就是通过光子的产生和湮灭（发射和吸收）作为媒介的。而且科学家们还知道一个粒子–反粒子对可以互相湮灭。而费米的创举在于将 β 放射性衰变归结于粒子的产生和湮灭，从而为进一步描述所有相互作用奠定了基础。

从那时起，大部分物理学家都接受了中微子存在的事实，尽管一直到 1956 年才直接观测到中微子。那一年，在南卡罗来纳州萨凡纳河核反应堆工作的弗雷德里克 · 瑞恩 [Frederick Reines] 和克莱德 · 科万 [Clyde Cowan] 从每秒钟由反应堆送入实验装置的数十亿粒子中偶然捕获了一个中微子（实际上仍旧是一个反中微子）。

在通行的说明中，中微子常被称为“难以捉摸的粒子”，这是有原因的。中微子只受到所谓的弱相互作用。一个中微子任何时候“做什么”——例如在 β 衰变中被发射，或者在瑞恩–科万装置中被吸收——都是因为弱相互作用。弱相互作用实际上并不是目前所知的最弱的相互作用。最弱的相互作用是引力相互作用（稍后将详细讨论）。但是弱相互作用要比带电粒子与光子之间的电磁相互作用，以及质子、中子和夸克之间的强相互作用弱很多。如果一个具有几兆电子伏特的中微子遇到一面十光年厚（是地球到半人马座 α 星距离的两倍多）的墙壁，它将有

弗雷德里克·瑞恩 [Frederick Reines]（1918—1998）在他的实验室中，埃德·奈诺 [Ed Nano] 摄于20世纪50年代。承蒙美国物理联合会塞格雷视觉档案室许可使用照片

超过一半的机会能够穿墙而过。这正说明了为什么探测中微子如此具有挑战性！不过它也带来了疑惑：中微子是怎么被捕获的？答案在于概率。考虑那些离开装配厂的汽车，设想每辆车有超过一半的机会在路上行驶 100 000 英里而无严重故障。那么其中有些就能行驶更远而无故障，有些则跑不了那么远，极少数车在遇到严重故障之前只跑了 10 英里，个别的可能只能跑十个街区。那些能够在一些实验室中探测到的极少数中微子就如同一辆没等走出工厂大门就出了故障的汽车一样。

μ 子

在 20 世纪 30 年代初期，基本粒子的世界风平浪静。物质由质子、中子和电子组成，交换过程——相互作用——则涉及光子以及当时仍属假说但已相当可信的中微子，这就是当时的五个基本粒子。但是这种平静并没有持续下去，在欧洲和美国，实验者们在研究宇宙辐射的过程中发现了质量是电子 200 倍的带电粒子（是质子和中子质量的 1/9）。起初，这听起来似乎是个好消息：日本理论物理学家汤川秀树 [Hideki Yukawa] 在此前不久曾提出，应存在着新的强相互作用粒子，它们在核内的中子和质子之间进行交换，而他当时所提出的这种粒子的质量恰好与这一发现中的粒子质量相当，他认为这种粒子能够引起强的核力。这是理论与实验之间一次精彩的契合，或者说至少看起来是这样。但实验作为最终的仲裁者，最后还是说了不。1945 年后不久，当许多国家的物理学家从战争工作中重新回到纯粹的科研工作时，在宇宙射线实验中发现，汤川粒子虽然确实是存在的，但它与那些在云室和感光剂中留下轨迹的大部分宇宙射线粒子都不相同。汤川粒子后来被称为 π 子。而那些在宇宙辐射中大量出现的粒子则（最终）被称为 μ 子。*

当我们进入一个全新的物理学领域时，就如同阅读一部俄罗斯小说，需要面对和处理大量的名字，你首先想知道谁是谁，因此我们不妨先来聊聊粒子的名字。粒子名目繁多，而有些粒子的名字已与当年的含义相去甚远。

轻子是非强相互作用（并且不包含夸克）中自旋 1/2 的基本粒子。

重子是由夸克组成的强相互作用复合粒子，具有 1/2 自旋（也有可能为 3/2 或 5/2）。“baryon [重子]”这个词来自希腊语，意为“大”或“重”。质子和中子以及许多更重的粒子都是重子。但是也有一些较重的

* 从外层空间抵达地球的原宇宙辐射由大量质子组成。这些质子与存在于大气层中的大量原子的原子核碰撞产生各种其他粒子，其中很多无法到达地球表面。到达地球表面的带电粒子大部分都是 μ 子。伸出你的手，每秒将有十多个 μ 子穿过。（还会有数万亿——没错，几万亿——的中微子。）

粒子并不是重子。

介子与重子一样都是由夸克组成的强相互作用复合粒子，但介子的自旋是 0、1 或者其他整数值而不是半奇数自旋（1/2、3/2 等等）。“meson [介子]”这个词来自希腊语，意为“中间的”或“媒介的”。这个名字（还有另外一个称呼“重电子”）最初是用于质量介于电子和质子之间的粒子，我们现在称为 μ 子的粒子最初被称为 μ 介子，而 π 子（即汤川粒子）最初则被称为 π 介子。现在我们知道，这两种粒子之间几乎没有什么共同之处，π 子是介子，而 μ 子则不是。π 子实际上是质量最小的介子。所有其他介子都比它更重——有些甚至比质子还重。

夸克是从不单独出现的强相互作用基本粒子，它们构成重子和介子，它们本身也是“重粒子”，具有被称为重子荷的性质。当一个夸克和一个反夸克合成一个介子时，重子荷为零。当三个夸克合成一个重子时，重子荷是 1。（你将在下一章中遇到夸克。）

载力子是通过其产生、湮灭和交换从而产生力的粒子。我们认为载力子与轻子和夸克一样，都是没有子结构的基本粒子。（载力子同样也会在下一章中出现。）

这里我还将顺便提及其他一些名词。强子包括相互作用很强的重子和介子；核子包括位于原子核内的中子和质子；费米子（以恩瑞克·费米的名字命名的粒子）是像轻子、夸克和核子一样，自旋为半奇数的粒子；而玻色子（以印度物理学家萨特延德拉·纳特·玻色 [Satyendra Nath Bose] 的名字命名的粒子）则是像载力子和介子一样，自旋为整数的粒子。

回到 μ 子。20 世纪 40 年代晚期，实验者们根据宇宙辐射极易穿过物质的性质，确定宇宙辐射的组成成分中应该不存在什么强相互作用。μ 子除了重量是电子的 200 倍之外，在其他任何方面都与电子十分相似。

由于巨大的质量似乎只与强相互作用有关，所以这成为当时最主要的谜题。那些并不强烈相互作用的粒子——电子、中微子和光子——都是很轻的，可是 μ 子却是一个相当重而又不会强烈相互作用的粒子。“谁在指挥它？”据说著名的哥伦比亚大学物理学家拉比 [I. I. Rabi] 曾这样问。在加州理工学院，据说著名的理论物理学家理查德·费曼 [Richard Feynman] 在他的黑板上保留着一个奇怪的问题：“为什么 μ 子这么重？”由于所有实验都只能确定 μ 子与电子除了质量之外，其他似乎完全相同，所以在一段时间之内这个难题实际上显得更加神秘了。

不论 μ 子的存在是由于什么原因，物理学家们不得不把它作为电子的胖亲戚接受下来。实际上 μ 子平均只能存在五十万分之一秒，而电子在不受干扰的情况下哪怕永远存在也没什么问题。假如能衰变，所有粒子都会更加倾向于发生衰变。由于没有比电子更轻的带电粒子，电荷守恒以及能量守恒的要求阻止了电子的衰变，而 μ 子则没有这些限制，所以最终（五十万分之一秒在亚原子领域中是一段非常漫长的时间）它肯定会衰变。μ 子的衰变告诉我们，实际上除了质量之外，它还是不同于电子的。如果仅仅是质量不同，我们就会发现 μ 子有时会衰变成一个电子和一个光子（或 γ 射线），可用公式表示如下：

$$\mu \rightarrow e + \gamma$$

这一衰变如果发生的话，将保持轻子数不变（衰变前是一个轻子，衰变后还是一个），但是至今仍未观测到这一衰变。显然，μ 子与电子之间存在着某种不同的特性，正是这种特性使得它们不会衰变成对方。

这种特性被称为味。与电子电荷和重子荷一样，味也是守恒的：相互作用前后的味保持不变。从表 B.1 所列的 μ 子衰变过程中，你会看到在衰变发生前，存在一个具有 μ 子味的粒子——此例中是负 μ 子本身。衰变之后，出现了一个 μ 子中微子，它是具有 μ 子味的粒子，因此 μ

子味是守恒的。电子的味又是怎样的呢？在衰变中产生的粒子包括一个电子和一个电子型的反中微子，因此就像物理学家们所计算的那样，在衰变后有 +1（电子）和 –1（反中微子）的电子“味数”：味总和为零，与衰变前相同。当然，用数值表示“味”似乎有点牵强，但实际都是这样来表示的，三种轻子味每一种都是守恒的。（更多有关守恒律的资料见第 8 章。）

μ 子中微子

在 20 世纪 40 年代后期各种确定 μ 子存在的实验中，有一个实验是由英国布里斯托大学的塞西尔 · 鲍威尔 [Cecil Powell] 及其合作者实现的。他们使用特殊的感光剂作为探测器，观测到了我们现在称为 π 子的粒子轨迹，随后依次是 μ 子的轨迹和电子的轨迹。这表明 π 子已经衰变成为一个 μ 子以及一个乃至更多不可见的中性粒子，而 μ 子随后则衰变成一个电子以及一个乃至更多不可见的中性粒子。这种不可见的粒子很可能就是中微子，但是问题是：是一种中微子还是两种？物理学家们有理由相信 μ 子跟电子一样，也应该有一个关联中微子，但是起初他们并不知

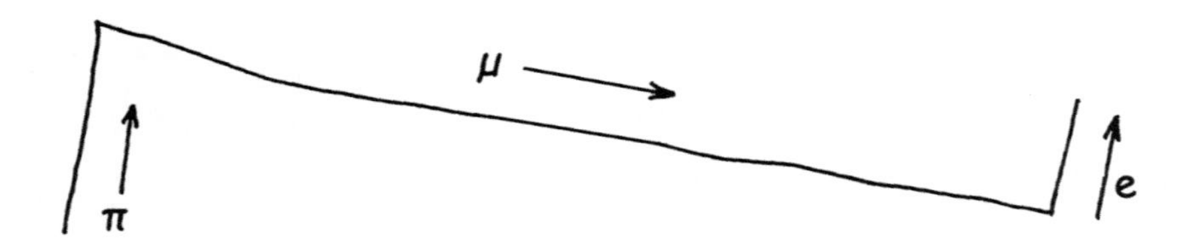

图4　π 子静止时衰变成一个可见的μ子和一个不可见的中微子，μ子静止时衰变成一个可见的电子和不可见的中微子（实际是一个中微子和一个反中微子），它们分别在感光底片上留下的轨迹示意图。最早是由英国布里斯托大学的塞西尔 · 鲍威尔及其同事在大约1948年观测到的。μ子轨迹长度约为0.04厘米（还不到1英寸的1/50）

道 μ 子的中微子与电子的中微子是否相同。

由于除了质量外，μ 子还有某种性质（我们现在把这种性质称为味）与电子不同，所以很自然的能想到 μ 子也应该有与电子中微子不同的、属于它自己的中微子。但是物理学家们往往认为最简单的解释才是正确的解释，在并不需要的情况下，为什么要提出一种新的粒子？也许电子的中微子就能承担双重责任，可以像与电子配对一样与 μ 子配对呢。这些只有通过实验才能最终确定。

1962 年（在瑞恩和科万探测到电子反中微子之后六年），由利昂·莱德曼 [Leon Lederman]* 、迈尔文·施瓦兹 [Melvin Schwartz] 以及杰克·斯特恩伯格 [Jack Steinberger] 三人领衔的哥伦比亚大学研究小组实现了关键性的实验。在位于长岛的布鲁克海文实验室，他们利用当时最先进的 33 吉电子伏特加速器，在实验室中再现了高空大气层中的宇宙射线。质子撞击原子核，产生 π 子。这些 π 子飞行一段距离之后就会衰变成 μ 子和中微子。如果有足够的时间和距离，μ 子也会发生衰变，不过这些实验者所感兴趣的是衰变中的 π 子产生的中微子，其过程如下：

$$\pi^{+} \rightarrow \mu^{+} + \nu$$

$$\pi^{-} \rightarrow \mu^{-} + \bar{\nu}$$

正的 π 子衰变产生一个正的 μ 子和一个中微子，正 μ 子实际是 μ 子的反粒子（就如同正电子是我们通常所说的电子的反粒子——译者注）。负的 π 子衰变产生一个负的 μ 子和一个反中微子。（符号 ν——希腊字母 nu [纽]——上的横线表示反粒子。）为了防止加速器中的粒子散

---

* 莱德曼后来一度成为位于芝加哥附近的费米实验室的负责人，现在他作为国家领导正在为改革高中的自然科学教学而努力，并作为“物理第一”运动的先锋而在九年级教授物理学。

发现μ子中微子的研究小组，拍摄于1962年，即该发现的同一年。最左边是该小组的领军人物杰克·斯特恩伯格 [Jack Steinberger]（生于1921年），最右边是迈尔文·施瓦兹 [Melvin Schwartz]（生于1932年），施瓦兹旁边是利昂·莱德曼 [Leon Lederman]（生于1922年），承蒙利昂·莱德曼许可使用照片

射，实验者们树立起44英尺厚的钢筋混凝土厚墙，* 这么厚的厚墙恰好足以阻止带电粒子，同时又对中微子（以及反中微子）没有任何影响。如果只有一种中微子，那么穿透厚墙的中微子能产生与探测器中的 μ 子一样多的电子，这个探测器内有大量的质子和中子（在原子核内！！）。实际上，中微子只产生 μ 子，这表明 μ 子中微子与电子中微子是不同的。因此上页的反应方程需要用下角标重新表示为：

$$\pi^+ \to \mu^+ + \nu_\mu$$

$$\pi^- \to \mu^- + \bar{\nu}_\mu$$

* 你没有看错，是44英尺厚！

莱德曼－施瓦兹－斯特恩伯格研究小组估计，在实验运行过程中每秒大约有 1 亿（10^8）个中微子通过他们的探测器。在实验运行 300 小时的时间内，他们捕获了 29 个中微子。μ 子中微子并不比电子中微子更容易捕获！

τ 子

20 世纪 60 年代，一些物理学家曾经认为轻子应该就是这些了。我们已经有了电子、μ 子和它们的中微子以及这四种轻子的反粒子，这就应该是全部了。尤其是在当时，已经有三种夸克存在的证据，并且从理论上也有理由相信第四种夸克的存在。（第四种夸克于 1974 年被发现。）简而言之，物理学家们知道有四种轻子，并且猜想应该有四种夸克，这下总算平静了吧？可惜时间不长。

在加利福尼亚斯坦福直线加速器中心工作的马丁 · 佩尔 [Martin Perl] 决定对未知领域进行探索，寻找质量比 μ 子更大——可能大得多——

马丁 · 佩尔 [Martin Perl]（生于1927年），摄于1981年。承蒙马丁 · 佩尔许可使用照片

空中俯瞰斯坦福直线加速器中心（SLAC）。高能电子和正电子经过图中靠后长达两英里的管道加速之后，被储存在图中靠前的地下储存环中。承蒙SLAC许可使用照片

的带电轻子。佩尔在政治领域和科学领域都很活跃，20 世纪 60 年代，他积极参与反对越战的运动以及国内的社会正义工作。70 年代早期，他在死气沉沉的美国物理学会成功领导了一场为科学和社会献身的运动。在斯坦福，佩尔的一些同事认为他寻找更重的轻子的决定是不明智的，毕竟他完全是在好奇和希望的引导下，并没有什么理论根据，因此没有哪位理论学家会认为他能成功。连他实验方面的同事都告诉他很可能会失败。

实际上，佩尔追寻了很多年才最终登上了发现 τ 子这一顶峰。他从 60 年代晚期开始寻找，一直到 1975 年才公布了新轻子存在的第一个证据。这个证据还不十分牢固。直到 1978 年，在佩尔和其他人已经完成了追加的实验之后，物理学界才完全接受 τ 子存在的事实。（那时，另外

两种夸克也已被发现，使得夸克总数达到五种。）佩尔于 1995 年获得诺贝尔奖，为当初他毅然决然的决定和坚持所招致的非议平了反。

来看看佩尔是如何发现 τ 子的。他利用斯坦福直线加速器上的“储存环”，让电子束与正电子束（也就是反电子）在其中发生碰撞。在这一装置中，电子和正电子被收集并“储存”（暂时储存！）在一个巨大的圆环形围栏中，并在磁场的诱导下，沿相反方向抵达位于地下的轨道。在佩尔的实验中，每次一个电子与一个正电子发生碰撞，总能量可高达 5 吉电子伏特，其中部分能量可转化为新粒子的质量。我们已经习惯于一对粒子湮灭时，它们的质量能（或称为“静止能量”）被释放出来。但是在斯坦福直线加速器上，粒子的动能远远超过其质量能（其质量能大概只有 1 兆电子伏特）。当粒子湮灭时，不仅仅是其质量能，连其动能也将转化为新的质量。看一下表 B.1，实际上，产生一个 τ 子 – 反 τ 子对，需要能量 2×1.777 吉电子伏特（$2 \times 1\ 777$ 兆电子伏特）或 3.55 吉电子伏特，而 5 吉电子伏特已经超过所需的能量值。

观测到的反应可解释为 τ 子的“特征径迹”，表示如下：

$$e^- + e^+ \rightarrow e^- + \mu^+ + \text{不可见粒子} \tag{1}$$

及

$$e^- + e^+ \rightarrow e^+ + \mu^- + \text{不可见粒子} \tag{2}$$

佩尔通过测量成对出现的电子和 μ 子的性质，逆推出一个惊人的信息：在上述反应进行之前和之后的时间内，形成了一种新型的较重的粒子和反粒子，并且它们几乎立即就发生了衰变，而反应中被称为“不可见粒子”的产物是由不少于四种粒子组成的——两种中微子和两种反中微子。

根据佩尔精妙的分析，我现在可以描述一下上述反应中从左到右所发生的过程。首先，电子和正电子在碰撞中消失，取而代之的是一个 τ

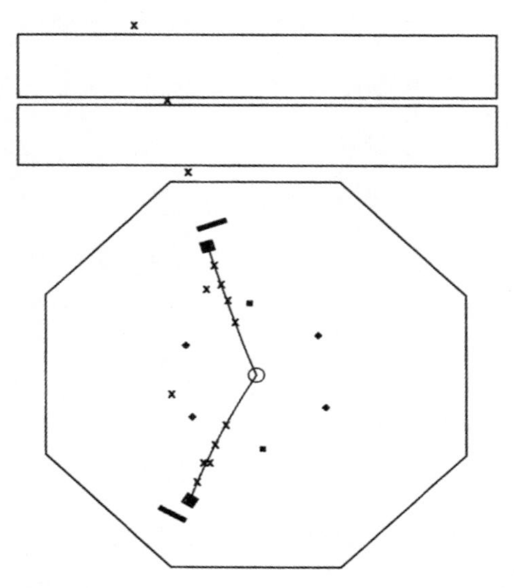

图5　通过电脑重构得到的确定τ子存在的实验。中间的小圆圈代表束流导管，电子和正电子在管中沿相反方向飞行——电子朝向观察者飞行，正电子远离观察者飞行。向下的弧形轨迹是一个电子的轨迹，这条轨迹终止于八边形边界之内。向上的弧形轨迹则是一个μ子的轨迹，这条轨迹持续向上，穿透了两块材料。虽然没有观测到，但是可以推断的是当一个电子和一个正电子在中心处很小的圆圈内发生碰撞时，将产生一个τ子－反τ子对。承蒙马丁·佩尔许可使用图片

子－反 τ 子对：

$$e^- + e^+ \rightarrow \tau^- + \tau^+$$

我们来验证一下守恒律，反应前后电荷始终为零。由于粒子－反粒子成对儿出现，电子的味和 τ 子的味在反应前后也都为零。这一过程中产生了大量新的质量，这需要有足够的动能才能实现。τ 子发生了粒子衰变（瞬间发生！）。对于负 τ 子，其可能的衰变模式为：

$$\tau^- \rightarrow e^- + \nu_\tau + \bar{\nu}_e$$

对于正 τ 子，其可能的衰变模式为：

$$\tau^+ \rightarrow \mu^+ + \bar{\nu}_\tau + \nu_\mu$$

由于守恒律的要求，在这种衰变中，每次都会产生中微子和反中微子。例如，首先 τ 子味的守恒要求出现 τ 子中微子，以取代消失的 τ 子，而电子味的守恒则要求同时产生电子和电子型的反中微子。

如果我现在把 τ^- 和 τ^+ 粒子的这些衰变模式放在一起，在一个可能的反应前后表象内可得到：

$$e^- + e^+ \rightarrow e^- + \nu_\tau + \bar{\nu}_e + \mu^+ + \bar{\nu}_\tau + \nu_\mu \tag{3}$$

该式与前面 (1) 式所给出的反应是一致的，其中不可见粒子现在已经清晰地表示出来了。中间产物 τ^- 同样也会衰变成为一个负的 μ 子和一个 μ 子反中微子，而 τ^+ 则可衰变成为一个正电子和一个电子中微子。换句话说，如果你把 (3) 式右侧的所有 e 都改为 μ，把所有 μ 都改为 e，就能得到另外一种可能的结果，即 (2) 式所给出的反应。

如果推测过多，物理学家们就会称之为“不严谨”。那么刚才我针对六种尚未观测到的粒子（两种 τ 子、两种中微子以及两种反中微子）所给出的解释是否也算得上是不严谨呢？不，并非如此。原因是一旦物理学家在电子 – 正电子碰撞中测量出碰撞产生的大量 μ 子 – 电子对的能量和运动方向，他们就能非常准确地确定出 τ 子的质量和寿命，正是这寿命使得 τ 子无法被观测到，而只是成为了关键的中间产物。在电子和正电子碰撞后极短的时间里，电子和 μ 子就会分开。而在这两个事件之间的瞬间所发生的事情，物理学家们了如指掌，就如同你对《超人》[*Superman*] 电影中，从克拉克 · 肯特 [Clark Kent] 走进公用电话亭，到超人走出这个电话亭这段短暂时间内所发生的事情一样耳熟能详。

τ 子中微子

2000 年夏，人们发现了最后一种轻子存在的证据——被认为是最后一种尚未发现的基本粒子。伊利诺伊州费米实验室（拥有当时世界上最先进的加速器）的研究者们将一束 800 吉电子伏特的质子束打在钨靶上，之后他们尽最大努力舍弃了除中微子之外的所有碰撞残骸。磁场使得带电粒子发生偏转，密集的吸收器捕获了大量中性粒子，那些穿越障碍到达感光探测器的粒子中有很多是各种中微子。少数 τ 子中微子（据研究者估计，约为万亿分之一）在感光剂中相互作用产生 τ 子，由于它们带电荷，因此将会在感光剂中留下大约 1 毫米长的轨迹。这些轨迹以及由衰变 τ 子产生的其他粒子轨迹正是说明 τ 子中微子存在的证据。

当 τ 子中微子的轨迹被观测到时，就没有物理学家对其存在提出异议了，而当人们确信轻子家族的性质已铁证如山时，所有人都松了一口气。很清楚，轻子有三种味，并且对于它们的行为，包括 β 放射性以及许多其他可观测现象，我们都已有了成熟的理论。

中微子质量

当泡利于 1930 年首次提出中微子时（他当时称之为“中子”），他认为中微子应该具有与电子相同的质量，并且在任何情况下，其质量都不会超过质子质量的 1%。此后不久，他又根据 β 衰变实验的结果，提出了中微子可能根本没有质量的想法。在精确的 β 衰变实验中，有一定量的能量被电子和中微子一起带走了。电子（被观测到的粒子）带走了其中的一部分能量；中微子（未观测到的粒子）则带走了剩下的能量。中微子如果有质量，就必须带走至少相当于它静止能 mc^2 的能量，即使它是以不可感知的速度离开放射性原子核，它仍然要带走那么多的能量。

因此电子最多能带走的能量就是全部能量减去中微子的能量 mc^2。

物理学家们在 20 世纪 30 年代成功实现了更为精确的实验。他们发现在 β 衰变中，从原子核中发射出的能量最高的电子几乎带走了全部能量，中微子的质量即使有，也一定非常小。（到目前为止，电子中微子的质量上限已经缩小到小于电子质量的十万分之一。）质量可能完全为零与费米的理论是相符的，在当时也完全是一个平常的想法，无质量的光子就是大家熟悉的一位老朋友。实际上，理论学家很快就进一步将费米的理论发展成为要求中微子质量为零的新版本。* 因此，几十年来普遍认为中微子是无质量的粒子。

中微子无质量是一种使问题尽可能简单化的要求，但事实是如此吗？显然不是。现在我们有充分的证据表明中微子具有很小的质量，表 B.1 给出目前的中微子质量上限。在展示中微子具有质量的证据之前，我们先来谈谈物理学中的简单性信念。

简单性信念

简单性信念已经激励科学家，特别是物理学家，好几个世纪了，它到底是怎样的一种信念呢？这种信念认为：自然界是按照简单的规律运行的，我们人类能够发现那些规律，并且通常能在几页纸上用数学形式表示出来。这种信念认为：如果对一系列观测存在两种可能解释，较简单的解释更有可能是正确的。当然，什么是“简单”，并没有固定的答案。但是科学家们通常认为它就意味着简明扼要，即概念的精当、数学表达的简洁以及应用的广泛，这些就是科学家们常说的简单美。

---

* 我曾经听一位实验物理学家在一次演讲中说，假如他观测到外层空间有许多大钢琴将要轰击地球，那么 24 小时内就会有理论物理学家发展出一套优雅的理论，以表明这些大钢琴是原宇宙辐射中的一种基本成分。

下面我们通过例子来进行说明。设想一个以太阳为中心的巨大的球形可膨胀空间。当这个球形空间膨胀时，它的表面积正比于其半径的平方：当其半径，也就是太阳到球面的距离，加倍时，其表面积就变为4倍；当其半径变为3倍时，其表面积就变为9倍等。这是一个（三维欧式空间中的）几何常识。与此同时，根据牛顿万有引力定律，太阳的引力与到太阳距离的平方成反比：当距离加倍时，其引力就减弱为原来的1/4；当距离变为3倍时，其引力就减弱为原来的1/9等。这是一个物理定律，很难设想会有比这更简单的形式。根据牛顿定律，径向距离 r 的指数不是2.1或者2.000 000 4，而是恰好为2。根据麦克斯韦电磁场理论，带电粒子之间的静电相互作用力也是相同的平方反比规律。

不过到了20世纪，随着物理学家们研究的深入，他们发现牛顿定律和麦克斯韦定律令人惊讶的简单其实仅仅是一种近似。爱因斯坦的广义相对论告诉我们，对于重力而言，r 的实际指数并非恰好是2（尽管对于行星和恒星来说极接近2），因而，一个理想化的单个行星围绕恒星的轨道运动，就不再是每圈都精确地重复其椭圆轨道（牛顿定律所决定的轨道），而是在每次作轨道运动时都略有不同，从而成为一种螺旋形轨道。在原子内部的深处，那些由于量子力学的属性而来往穿梭的“虚粒子”，使得原子核附近的静电力也略微偏离平方反比规律，所导致的一个直接结果就是保罗·狄拉克曾经在1928年预测的氢原子中电子运动的两个特定状态，原本应具有完全相同的能量（简单！），但实际上能量却变得略有不同（就不那么简单了）。

描述这种情况的一个办法是在某种近似水平上进行描述——通常是非常好的近似——此时自然界往往为我们展示的是令人相当震撼的简单定律。不过当我们考察更深层面时，自然界又会为我们展示出具有更大复杂性的定律。再举个例子：根据约翰·惠勒和其他研究者的理论，当我们在极短的时间间隔内观察极小的空间区域时，我们日常世界中空间和时间的柔和平滑处将会变为量子泡沫。

我们周围的普通物质世界大多并不简单。你只需要关注一下你那里的天气预报，就能知道科学家们离物质环境的简单描述有多远。水面的波纹、树叶的晃动以及火堆上飘出的袅袅轻烟——这一切无不挑战着简单化的描述。

因此，粗略地讲，我们有三个层次的复杂性：最上层——可见层——非常复杂（波光粼粼的水面、摇晃的树叶以及天气）；其下层则是过去数个世纪物理学家们所揭示出的令人惊讶的简单规律（牛顿的万有引力定律、麦克斯韦的电磁场理论和狄拉克的量子化电子理论）；在最深层，复杂性再次达到顶峰，微小物质并不像看起来那么简单，但是也不像我们周围的环境那么复杂，它们反映出可能还有更深的层次，具有更微妙的简单性。例如，爱因斯坦的广义相对论可以简明地用几行方程表示，大多数科学家都认为这些方程具有极好的简单性（它们只是按照空间和时间来解释重力，并且首次给出重力对于所有落体，无论其大小和组成成分，都有相同加速度的原因）。但是这些方程也告诉我们牛顿的平方反比规律并不十分准确。具有美而简单的基本方程和概念的现代量子理论告诉我们，通常所说的真空——一无所有的状态——实际上是一个活跃的空间，粒子在里边不断地湮灭和产生。简单是微妙的，所以与之相应的美也同样微妙。

回到中微子质量

因此，基于我们从现代物理中所了解到的复杂性和简单性的层次，我们或许可以说，如果中微子确实没有质量，那就太“美”了。但是如果基于更深层次的——或许是终极的更为简单的——理论，中微子具有

超级神冈中微子探测实验 [Kamiokande] 探测器部分充水时，乘坐救生筏的工人正在检查其内部的情况。承蒙东京大学宇宙射线研究中心神冈天文台许可使用照片

非常小的质量，我们也不该感到惊讶。科学家们新近提出，中微子确实具有非常小的质量，并且不同的中微子具有不同的质量。

中微子具有质量的证据是 20 世纪 90 年代由位于日本的被称为超级神冈中微子探测实验的地下巨大探测器测量得到的，并且在 2001 年和

2002 年由同样是位于地下深层的萨德伯里中微子天文台（位于加拿大）进一步测量得到确认。

在日本工作的国际小组对通过他们装置的中微子所产生的 μ 子——大约每小时一个——进行了观测，这些中微子都是由宇宙射线在高空大气层中产生的。由于中微子可以穿透地球，所以科学家们看到的来自头顶和“脚下”（即来自地球另一端的大气层）的中微子与来自其他各向间的中微子完全相同。他们发现来自脚下的 μ 子中微子与那些来自头顶的 μ 子中微子相比，存在着“赤字”。有些运动得很远——甚至达 8 000 英里远——的 μ 子中微子“消失”了。那么又是如何据此说明中微子具有质量的呢？现在我得请你在接下来的几分钟内系好你座位上的安全带了。

一个量子系统可以同时存在于两个“状态”。一个 μ 子中微子更有可能根本不是一个“纯”的粒子，可能并没有单一确定的质量，它或许是两种各自具有一定质量的其他粒子的混合。而 τ 子中微子可能也是这两种其他粒子的不同混合而形成的。如果这两种其他粒子具有相同的质量，那么关于混合的所有想法都将只是没有可观测结果的数学处理。但是，如果这两种其他粒子具有不同的质量，粒子的波动性就会显现出来，量子波动与这两种以不同频率振动（因为频率与能量相关，能量又与质量相关）的被混合的粒子密切相关，这使得 μ 子中微子会逐渐（飞行大约几百英里的距离之后）变成 τ 子中微子（也有可能成为一个电子中微子），然后 τ 子中微子再变回 μ 子中微子等等——这种现象被称为中微子振荡。

接下来可与音乐进行类比说明。假如在同一个乐队的两位小提琴手都以 A 调开始演奏，但是如果他们的 A 调频率（音高）并不相等，他们将听到“拍音”，一种强度以两种振动频率之差进行缓慢振荡的现象。当一位或另一位小提琴手将他们的音调调为一致，拍音将消失。与此相同，只要混合粒子的质量不相等，两种“混合”中微子的量子波就会产生缓慢振荡的“拍”。中微子的质量并不需要振荡，不过如果观察到了振荡，就意味着中微子具有质量，并且至少这两种中微子的质量是不同的，我们称为 μ 子中微子或电子中微子或 τ 子中微子的粒子，就是它们自己的其他“纯质量”状态的混合。

所有这些似乎主要是从观察到来自头顶的中微子多于来自脚下的中微子得出的结论。但是所谓的中微子“赤字”实际上还取决于角度以及能量，这为中微子质量提供了强有力的证据。萨德伯里中微子天文台的另一个国际小组后续的工作为中微子质量提供了更为坚实的证据。

萨德伯里中微子天文台探测器位于地下一英里半的一个安大略镍矿中，容纳了 1 000（公制）吨重水，* 很适合研究来自太阳的中微子。天体物理学家们根据理论计算得到了太阳中微子到达地球的速率（每秒穿过每平方英寸数十亿个）。他们还了解到，所有在太阳中产生的中微子都具有同一种味，只有电子中微子能够通过给太阳提供能量的热核反应来产生。美国物理学家雷·戴维斯 [Ray Davis] 的先期工作，使得科学家们很多年前就已知道，到达地球的电子味中微子的数量要比预期的数量少得多，** 萨德伯里中微子天文台的探测结果进一步搞清了原因。由于中微子的振荡，那些离开太阳、经过变形到达地球的电子味中微子反复变化为 μ 子中微子和 / 或 τ 子中微子，并最终变回电子中微子。这一“三人舞”的结果就是，到达地球的太阳中微子大致均等地分离成三种味。

为了让你体味一下萨德伯里中微子天文台小组的工作，我想介绍一

---

* 即使是一个资金雄厚的物理研究小组也买不起 1 000 吨重水，因此萨德伯里中微子天文台小组所用的重水是从加拿大的核反应项目借来的。有朝一日，萨德伯里中微子天文台的研究者们完全能够归还纯净的、对于所有实际应用来说都完全不会受中微子轰击影响的重水。

** 数年前，约翰·巴寇 [John Bahcall]，一位在普林斯顿高等研究院工作的天体物理学家，曾公开宣称，假如实验学家们观测到太阳中微子出现了任何减少，他们就可以证明太阳不发光了。

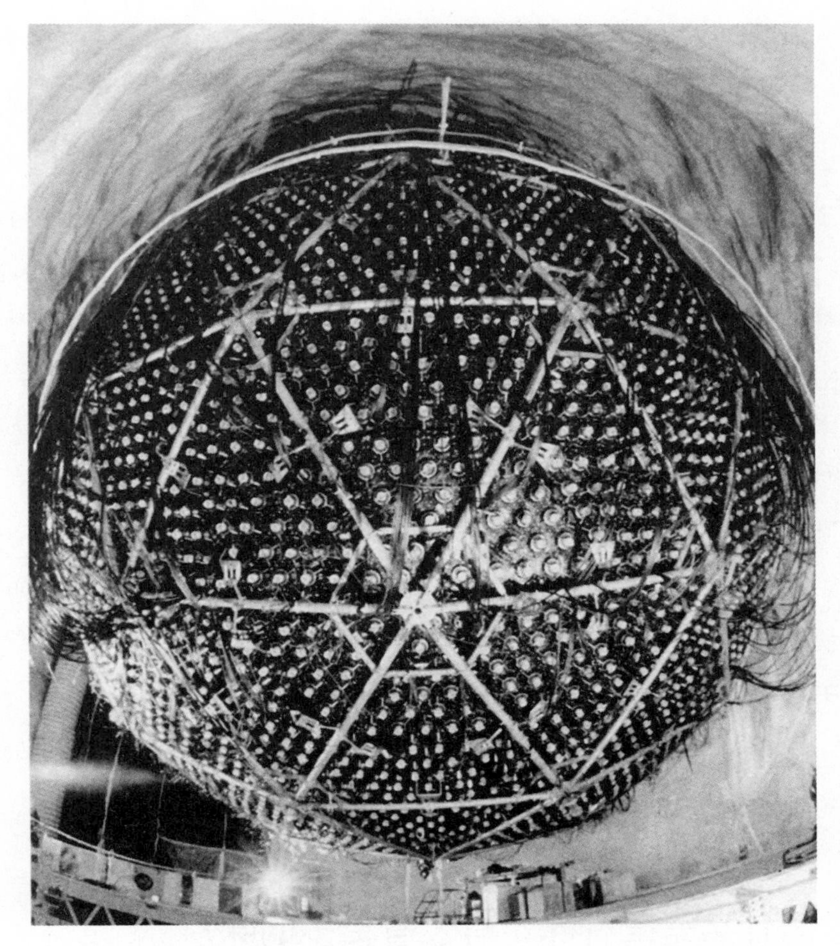

萨德伯里中微子天文台探测器的外部结构，直径达18米（59英尺），包含将近9 600个指向内部的探测管，在此照片拍摄之后，其内部容器被充以百万千克的重水（水中氢原子所含为氘核而非质子）。承蒙萨德伯里中微子天文台许可使用照片

下他们曾经研究过的两个反应。这两个反应都是与氘核（也就是重氢原子核）有关的反应，重氢使得重水很“重”。氘核由一个质子和一个中子组成，可用 {pn} 表示，发生的反应为：

$$\nu_e + \{pn\} \rightarrow e + p + p$$

及

$$\nu+\{pn\} \rightarrow \nu+p+n$$

在第一个反应中，一个中子转变为质子，一个中微子变为电子。由于味必须守恒，所以第一个反应只对具有电子味的中微子进行轰击才会发生。研究者们发现，假如所有到达地球的太阳中微子都保持它们的味，那么这种类型的反应大约只有预期数量的 1/3 能够发生。在第二个反应中，一个中微子“砸开”一个氘核，中微子失去部分能量将质子和中子释放出来，这一反应对于任何味的中微子都能发生。研究者们还发现，假如所有的太阳中微子（具有足够能量）都能到达地球，那么所有这一类反应全部都能发生。

结论：太阳发射出与理论预测一样多的中微子（天体物理学家们可以松一口气了），通过中微子振荡，电子中微子转变为 μ 子中微子和 τ 子中微子；中微子们具有不为零且各不相同的质量。

这些实验并不能完全揭示出中微子的质量是多少，我们只知道中微子的质量很小，表 B.1 给出了中微子质量的最新上限（截至 2003 年）。

为什么是三种味？有没有更多的味？

没有人知道为什么粒子有三种味，弦理论学家认为他们的研究或许有一天能够给出答案。理论物理学家中的这一艰苦而勇敢的群体，正在为着令人着迷但又仍然只是推测的物理思想而努力工作着。超弦理论认为，每种基本粒子都是由一根振动或者振荡的弦组成的，而弦的大小若与质子或者原子核的大小相比，则小到无法想象。假如弦理论学家是正确的，那么重力将被整合进粒子理论中；基本粒子的数量、质量以及其他性质将能够预知；轻子和夸克将具有明确的大小。所有这些都将引发我们对小尺度世界看法的一场革命。

如果你是一个探险家，到了一个前人从未到过的地方，如果你艰难跋涉走过了三个偏远的山村，你自然想知道前方是否还有更多的村庄，但是在一个未知而陌生的版图上，你根本无法了解，你只能继续向前跋涉去寻找。与此类似地，你或许可以想象，物理学家们在发现了粒子的三种味之后，同样也不知道是否会存在第四种、第五种味，甚至是否会有无限多种味有待发现，毕竟第二种味来得让人措手不及（回想一下拉比关于 μ 子的问题："谁在指挥它？"），第三种味的出现也同样令人惊讶（以至于马丁·佩尔不得不在一片怀疑声中寻找 τ 子）。不过令人惊奇的是，物理学家们竟然自信第三种味就意味着终结——没有其他味了。

为什么物理学家们与探险家不同，就如此确定（至少相当确定）前方的荒原上没有新的惊讶出现，一点都不考虑是否存在更多的味呢？实际上，来自太阳的中微子数目，恰好是电子中微子数目的三倍这一事实，正是说明三是味数极限的一个证据。其他论据可以大致称为不可见因素对可见因素的影响，需要用到量子理论中的虚过程进行处理。量子理论认为，在碰撞"前"（比如，两个粒子即将发生碰撞）和"后"（比如，从碰撞中产生的粒子出现）之间，所有能想象到的事情都会发生，它们都只受一些守恒规律的限制。中间的过程包括各种粒子的产生和瞬间湮灭，尽管这些中间阶段的"虚粒子"不可见，但是它们会影响到碰撞过程之"后"的最后结果。假如在三种粒子味之外还存在一种或者更多的味，那么它们将参与到这些"虚粒子"的舞蹈中，并且它们的存在一定能从中推测出来，但是没有证据表明有其他味的粒子也参与其中。

或许否认存在其他粒子味最有说服力的证据来自一种被称为 Z^0（读作 Z 零）的中性重粒子的衰变，这种粒子比质子重一百倍，从而会产生其他量子效应。Z^0 的测量质量是一个数值范围，每一次测量同一个 Z^0 的质量，都会获得不同的值。当实验者把所有这些测得的质量放在一起时，发现测得的是在某个平均值附近的一系列质量值，这些值的范围被称为质量的不确定度。（由于不确定度大于任何单次测量的可能误差，粒子确实没有单一的质量。）根据海森堡的不确定性原理，质量的不确定度与时间的不确定度相关联：两者中一个越大另一个就越小。所以如果质量的不确定度很大，那么 Z^0 就只能存在极短的时间；如果质量不确定度很小，那么 Z^0 就能存在较长的时间。实际上 Z^0 的寿命是非常短的，以至于无法用一个时钟去测量它的寿命长短。而质量不确定度则可代替时钟用来测量寿命，只要测量出质量值的范围，研究者们就能精确地确定粒子的寿命。

现在来看看其他的证据。Z^0 衰变的某些模式——那些产生带电粒子的衰变——是可以观测到的。不可见模式是衰变成中微子 – 反中微子对，物理学家们知道衰变成可见（带电）粒子的速率以及所有衰变模式综合的平均寿命，从而能够推断出衰变为不可见粒子的速率。他们计算得到 Z^0 恰好能够衰变成三种中微子 – 反中微子对（电子、μ 子以及 τ 子），而不是两种、四种、五种乃至更多种。在三种已知中微子的质量远远小于质子质量的情况下，要是存在三种以上的味，唯一的可能就是，具有四种及四种以上味的中微子极重——意味着要比质子质量大许多倍——这几乎无法想象。

因此，味就止于三种。但是为什么呢？这确实是一个令人兴奋的问题。

庞大家族的其他成员

夸克被认为是基本粒子还是复合粒子？

中子在单独存在时不稳定，它会衰变，为什么你体内碳核中的中子不会衰变？

氢原子中的质子和电子在引力作用下相互吸引，为什么物理学家说引力在原子结构中没有任何作用？

宇宙中，光子或电子谁更多？

……

夸 克

夸克确实是非常古怪的。它们属于我们所说的数量有限的基本粒子，但是我们迄今仍未观察到单独存在的夸克——实际上几乎没希望能观察到单独存在的夸克。我们对于夸克的质量只有比较模糊的认识（因为我们无法抓住一个夸克来称它的质量），而且对于为什么最重的夸克比最轻的夸克重几万倍，我们也一无所知。与轻子的阵列相匹配，六种夸克分成三组。与轻子一样，夸克都具有 1/2 单位自旋，并且也一样没有可测量的物理范围，目前我们只能说它们以点的形式存在。此外，它们与轻子又有很大的不同。由于它们之间的强相互作用（轻子之间没有这种强相互作用），所以它们总是三三两两地组成那些我们可见的粒子（轻子不会结队构成其他粒子），* 例如 π 介子、质子和中子。

设想这样一些演员，他们唯一的工作就是三三两两地合成一组，穿上马或者牛或者长颈鹿的道具服上台表演，而你坐在观众席上，可以拿出你的数码相机，为这些“动物”拍下照片，并对照片进行研究。你能掌握其中的大量特征——他们的大小、颜色以及行为方式，还有（可在你做舞台管理的朋友们的帮助下了解到）他们的重量。你能指出每个“动物”道具服里有多少个演员，却无法说出在那些道具服下的演员是什么样子，或者他们的性别和肤色等等。你就像是一位试图通过研究质子、中子和其他复合粒子（由更基本的粒子组成的粒子）来了解夸克的物理学家。

舞台表演动物的类比并不十分恰当，因为实际上物理学家不靠观察单个夸克就已经对夸克有了相当多的了解。此外质子中的夸克与动物道具服下的演员有一个很大的不同，即质量的测量。如果你知道只有六个

---

* 一个正电子与一个电子可以联合起来共同形成一个被称为电子偶素的类氢原子，不过这是一个巨大的原子尺度的物质，并不是一个粒子。

演员在承担表演众多动物的任务，还知道他们组成了不同的组，要想指出每个演员各自的重量，你可以通过对每个舞台动物重量的称量并比较其重量的变化，从中得出单个演员的重量（考虑到服装具有的重量，会在允许范围内存在一定的误差）。这是因为在我们生活的这个世界，质量是可以简单相加的。假如乔治重 160 磅，而格雷西重 120 磅，那么乔治和格雷西总重 280 磅。这个普通的事实实际就是化学家常用的质量守恒原理所表达的内容。

但是在亚原子世界中，由于质量和能量等价，所以与其他许多物理量一样，质量也具有不同的规律。当三个夸克组队形成一个质子时，质子质量中只有很少部分来源于夸克的质量贡献，大部分则完全来自质子捕获粒子的能量，这就相当于乔治、格雷西和格洛丽亚的体重本来一共是 400 磅，可他们三人穿上马的道具服，这匹马却重 15 吨。可怜的物理学家在对质子质量进行千万分之一精度的测量之后，归纳得出质子内夸克的近似质量，误差为 2 倍。

附录 B 中的表 B.2 给出了六种夸克的名称和部分性质。第一组中的夸克都简单地以“上”和“下”来区分（并不代表真实的方向，仅仅是用于区分的名字）。对于第二组夸克，物理学家们的想法变得更为古怪，他们把这组夸克分别称为“奇 [strange]”和“粲 [charm]”（很遗憾，strange 是形容词，charm 是名词）。20 世纪 40 年代末期，在宇宙辐射中意外地出现了一些比质子还重的长寿粒子，看起来十分“奇特”，于是这些粒子成为了奇怪的粒子。现在我们知道它们何以能够生存大约百亿分之一秒那么长时间，这是因为这些粒子内包含一种在中子和质子中都没有的夸克：奇夸克。此后，还发现了一些非常重的介子和重子能够生存万亿分之一秒（它们“本应该”在万亿分之一秒的十亿分之一甚至更短的时间内更快地衰变），它们是如此“粲然”。不用说，这些能够得以延续更长生存时间的粒子得益于它们所包含的另外一种夸克：粲夸克。

面对在 1977 年和 1995 年分别发现的第三组非常重的夸克时，物理学家们变得小心翼翼起来。这最后的两种夸克曾经一度被称为“真”和“美”，但是保守主义的盛行使得最终将“真”改成了“顶”，而“美”改成了“底”。（新的名字具有理论上的合理性，不过没能用“真”和“美”仍然很可惜。）

尽管所有观察到的粒子所带电荷电量都为 0 或者 +1、–1、+2、–2 等整数（以质子电荷为单位），但是夸克和反夸克带的却是分数电荷：+1/3 或 –1/3、+2/3 或 –2/3。它们组合形成的可观测物质所带电荷都为 0 或单位电荷。

夸克其他的“分数”性质还有重子数（有时类比电荷称为重子荷）。质子和中子都是重子（本意为“重粒子”）。重子数最重要的特征是守恒。一个较重的重子可衰变成一个较轻的重子，当这一衰变发生时，衰变前后的重子数是相同的，这个性质被称为重子数守恒。（与此相同，电荷也是守恒的，在反应前后电荷总是保持不变。）幸运的是，对于宇宙结构和我们人类而言，最轻的重子无处衰变。它是稳定的，没有比它更轻的重子，所以它无从衰变。这个最轻的重子就是质子，它近乎永存。* 与质子最接近的重子是中子，只比质子重一点，这意味着中子不稳定：它会衰变成质量更轻的质子（以及一个电子和一个反中微子）而并不违反重子守恒定律和能量守恒定律。中子在消失变为三个其他粒子之前能够生存的时间，平均为 15 分钟。对于我们人类而言，依然幸运的是中子在原子核内是稳定的，因此最多可将 209 个质子和中子以某种组合捆绑在一起并长期稳定存在。这意味着我们的世界由不同的元素组成，而不仅仅只

* 当前有些理论认为质子可能最终也是不稳定的，只不过寿命很长，以至于在宇宙 140 亿年的历程中衰变的可能性都非常小。物理学家们迄今尚未发现任何质子衰变的例证。

有氢元素，这全都是因为质量与能量等价所致。稳定原子核内的中子，由于势能的作用，其不可衰变的质量能够变得非常小。（在某些不稳定的原子核内，中子可以衰变，其衰变将导致 β 辐射。）

这又将我们带回到夸克。每个夸克的重子数为 1/3，所以三个夸克的重子数为 1，它们可组成一个质子或者中子。由于一个反夸克的重子数为 –1/3，所以一个夸克和一个反夸克的总重子数为 0，这种夸克 – 反夸克组合可形成介子。所以反夸克并不只是有些奇特而已，它存在于大批粒子之中（而这些粒子没有一个是稳定的）。

正如表 B.2 所示，夸克的质量取值范围很大，从上夸克和下夸克的几兆电子伏特质量，到顶夸克超过 170 000 兆电子伏特的质量。正如前面我所提到的，没有人知道为什么会这样。

在表 B.2 中未列出的夸克的另外一个重要性质：色（很遗憾，又是一个任意选择的名字——其实与我们所看到的颜色毫不相关）。色的性质更像电荷（实际上有时将它称为色荷），这是粒子所具有的一种性质，从不会损失或消失。一个夸克可以是“红”的、“绿”的或者“蓝”的，反夸克则可以是反红、反绿或者反蓝。红、绿和蓝三色等量地组合起来就是“无色”。反红、反绿和反蓝的等量组合同样也是无色。

复合粒子

尽管夸克像它们所具有的色一样令人捉摸不定，但是仍然非常令人感兴趣。我们在实验室中所看到的复合粒子都是由两个或者三个夸克共同形成的，* 是无色的。表 B.3 中列出了数百种已知复合粒子中的八种。

* 有证据表明——截至撰写本文时尚未确证——存在五夸克态，一种由四个夸克和一个反夸克组成的物质（实际上是一个重子）。

表 B.3 中的条目将粒子分成了两类：一类是由三个夸克组成，并具有半奇数自旋（1/2、3/2、5/2 等）的重子，另一类是由夸克 – 反夸克对组成，具有整数自旋（0、1、2 等）的介子。在第 3 章中所介绍的一些词汇一定对你造成了不断的冲击：重子是一种被称为费米子的粒子，介子是一种被称为玻色子的粒子。我将在第 7 章中对费米子和玻色子运动规律的显著区别进行讨论。表 B.3 中的每个粒子都是强子，也就是强相互作用的粒子，因为它们由夸克组成，并彼此强烈地相互作用。

最轻的重子是质子和中子，我们知道质子和中子位于每个原子的中心处。之后发现的重子都以希腊字母命名——Λ [拉姆达]、Σ [西格玛]、Ω [欧米伽]（还有很多很多）。质子和中子是由 u（上）夸克和 d（下）夸克组成的，表 B.3 中其他重子都包含一个或多个 s（奇）夸克。还有些更重的重子（表中没有列出）包含 c（粲）夸克和 b（底）夸克。尚未发现包含顶夸克的重子。包含粲夸克的最轻重子的质量大约是质子质量的 2.5 倍。目前所知的唯一包含底夸克的重子的质量约为质子质量的 6 倍。

值得注意的是，除了质子，所有其他重子都是不稳定的（具有放射性）。表 B.3 中给出了衰变的典型模式和平均寿命。中子 886 秒的平均寿命几乎就意味着是“永远”。根据亚原子世界的标准，即便是 10^{-10} 秒的平均寿命也已经算是非常少见的长寿了。回想一下，10^{-9} 是十亿分之一，所以 10^{-10} 秒就是百亿分之一秒。顺着表往下看，在介子区域，你会看到 η [伊塔] 粒子的平均寿命约为 10^{-19} 秒，这在人类日常生活的尺度来看是不可想象的短暂，但这段时间对 η 粒子而言，已长到足以在消亡之前大摇大摆地穿过一个原子。

在表 B.3 里，我在众多已知的介子之中只选列出三种质量最轻的介子。其中最轻的 π 介子质量约为质子质量的 1/7，是一个电子质量的 270 倍。正如在前一章提到的，π 介子在 20 世纪 40 年代末被首次发现时，曾被公认为是 30 年代汤川秀树所预言的粒子——人们期望能够通过这种在质子和中子之间交换的粒子来说明强核力。汤川交换理论并不全错，但其大部分已被夸克间胶子交换理论所取代。因此 π 介子并没有成为粒子中的首席芭蕾舞演员，而“只”是芭蕾舞团中的又一个普通成员而已。

下面对表 B.3 中 π 介子组成部分的表示符号进行解释——实际是三个 π 介子，电荷分别为 +1、–1 和 0。带正电荷的 π 介子由一个上夸克和一个反下夸克组成，我们把这种组合记为 $u\bar{d}$。查阅表 B.2，你会发现这种组合的电荷为 +1（因为一个反下夸克的电荷为 +1/3），而重子数为 0（因为一个反夸克的重子数是 –1/3），所有介子的重子数均为零。带负电荷的 π 介子由一个下夸克和一个反上夸克组成，记为 $d\bar{u}$。中性或者说不带电的 π 介子则是一种混合，其中一部分由一个上夸克和一个反上夸克组成，另一部分由一个下夸克和一个反下夸克组成，因此我们记为 $u\bar{u}$&$d\bar{d}$。相同的符号也用于 K [卡帕] 介子，这种介子也有正、负和中性等不同种类。（K 介子是第一批被发现的“奇异”粒子之一。）η 粒子在某种程度上是中性 π 介子的配偶子，它的组成部分也是 $u\bar{u}$&dd。

除其他可能性外，介子还可完全衰变成轻子。然而由于重子守恒定律的限制，重子就不能衰变成轻子。重子的衰变产物中必须包含其他重子——尽管它的衰变和中子一样也产生轻子。

载力子：使物体运动的粒子

这是描述物理学研究领域的一种方式，物理学主要研究是什么（物体）和会发生什么（运动）。我们能看到的粒子——轻子、重子和介子，以及那些我们尚未看到但仍在研究的粒子——夸克，组成了是什么，而被称为载力子的另外一种粒子，则决定着会发生什么。应该立即指出的是，不会发生什么和会发生什么一样令人感兴趣。有大量不会发生的过程（我们认为不能发生）——例如，电荷无中生有、能量出现或消失以及质子发生放射性衰变等。

表 B.4 给出了“载力子”，所有其他粒子间的相互作用，或者“力”，都是由这些“载力子”的交换产生的，它们都是玻色子——自旋为 1 或 2——并且由于没有守恒律要求它们中任何一个保持不变，所以它们都可以产生或者湮灭任意多个。三种载力子具有很大的质量，还有三种载力子则完全没有质量。在无质量的载力子中，引力的载力子（即引力子）仍然是一种假设。

引力相互作用

表 B.4 按照强度依次增大的顺序列出了四种不同相互作用的载力子。最弱的是万有引力，即便是我们所能测量的最小引力相互作用，也有数十亿引力子参与其中，所以我们只能观察到大量引力子的集体效应，而从未看到过任何一个单独引力子的效应。因此，我们目前还没有希望探测到引力子。那么自然界中这种最弱的力是如何让我们留在地球上，使地球保持绕太阳的轨道运动，甚至可以导致腿骨骨折的呢？有两个原因。一个原因是万有引力只是吸引，而更强的电磁力则既有吸引也有排斥。我们的地球在电性方面保持着正负电荷的精确平衡，即便你在干燥的日子里通过摩擦毛毯增加自己的电荷，你也不会感到有将你推向地面的静电力。假如能将地球上的负电荷全部搬走，只留下正电荷（或者你通过摩擦毛毯带上等量的负电荷），你会立刻被巨大的静电力压碎。反之，如果地球上所有正电荷都被移走，只留下负电荷，那么你将在静电力的作用下，以比任何火箭都快得多的速度被推向外层空间。这种精确的平衡——吸引力和排斥力近乎完美的抵消——遍布整个宇宙，从而使得万有引力成为占统治地位的力。

万有引力这么弱却让我们感觉很明显的另一个原因是，有许多把我们向下拉的质量。我们在 60 万亿亿吨物质的引力作用下留在地面上，实际上每块物质之间都存在相互吸引的万有引力。对于普通大小的物体，万有引力之小是显而易见的。当你离杂货店收款员 3 英尺时，他对你的万有引力不到你体重的十亿分之一。不同的是，地球对你施加的竖直向下的引力是店员对你的侧向引力的十亿倍，所以物理学家们很难测量这一“侧向”引力（即实验室中两个物体之间的万有引力）也就不足为奇了。也正是由于万有引力很弱，通过万有引力强度测量得到的牛顿万有引力常数，与其他基本物理常数相比，其精确程度就略逊一筹了。

万有引力之小还使得它在亚原子世界中默默无闻。氢原子中质子和电子相互作用的静电力与万有引力相比真可谓无穷大：其比例因子超过 10^{39}。（10^{39} 有多大？这么多的原子排列起来，可延伸到宇宙的边缘还剩下 1 000 个。）不过，既然万有引力是如此令人难以置信的微弱，它会在比质子还小很多的尺度上发挥作用吗？我们对于万有引力与量子理论之间的相互纠缠目前只能去模糊地想象吗？如果我们能够发现这一规律，那该有多么神奇呀！

弱相互作用

接下来的相互作用就是弱相互作用，正是它导致了电子的放射性发射（β 衰变）以及与中微子有关的各种转变。顾名思义，这种相互作用很弱（相对于电磁相互作用和强相互作用而言），不过它比万有引力相互作用要强得多。如表 B.4 所示，弱相互作用是 W 粒子和 Z 粒子之间的“媒介”（我将在后边对媒介进行解释），W 粒子和 Z 粒子都是体型彪悍的大玻色子，其质量是质子（最早的“重”粒子）质量的 80 多倍。

1934 年恩瑞克·费米提出 β 衰变第一理论时，曾经直接设想弱相互作用存在于四种粒子之间：质子、中子、电子和中微子。多年后，物理学家们推测，在一个中子消失变成质子、电子和反中微子之前的这段时间，可能有一个或多个短暂存在的交换粒子（或者是我们正在谈的载力子）涉及其中。但是直到 1983 年，物理学家们才借助位于日内瓦的 CERN* 的巨大质子同步加速器真正发现了 W 粒子和 Z 粒子，它们是分别带正电荷、负电荷和零电荷的三个近亲，很像是正、负和中性的 π 介子三元组，并且曾经被认为是强核力的载力子。但是 W–Z 三元组与 π 介子三元组有两个明显的不同。π 介子是具有物理大小的复合粒子，由夸克 – 反夸克对组成，而 W 粒子和 Z 粒子则被认为是没有物理大小，且并非由其他更小粒子组成的基本粒子。此外，W 粒子和 Z 粒子的质量要比 π 介子的质量大得多。

电磁相互作用

表 B.4 中接下来的一项就是光子，它有一段十分令人感兴趣的历史。1905 年爱因斯坦“发明”了光子之后，光子在 20 世纪 20 年代就一直以“微粒”但并非完全真实粒子的朦胧身份存在着。20 世纪 30 年代和 40 年代是光子扮演主角的年代，物理学家们将光子与电子和正电子联系起来，建立了被称为量子电动力学的强大理论。如今，我们把光子看作是零质量、无大小的基本粒子，并且是电磁作用的载力子。实际上，无论在白天还是在黑夜，几乎所有醒着的时候，你都能“看到”光子，它们把太阳的部分能量带到地球，并且把所有恒星、行星、蜡烛、灯泡以及

---

* CERN（发音为 surn）即欧洲核子研究中心 [European Center for Nuclear Research]，其字母顺序是为了与法文中相应名称 [Centre Européen pour la Recherche Nucléaire] 的单词顺序相一致。CERN 的同步加速器与世界上其他类似的装置一样，都是一种轨道加速器，利用电场力的同步脉冲对快速飞过轨道上指定点的粒子进行加速。

每一次闪电都带入你的视线。每秒钟有数十亿的光子从你正在阅读的书页上运送着信息，还有许多你看不到的光子——那些传送广播、电视和无线电话信号的光子，从热墙里传递热的光子，以及传送 X 射线通过你身体的光子。宇宙中充斥着大爆炸后留下的低能光子，形成所谓的宇宙背景辐射。总而言之，宇宙中每个点都有大约十亿个光子。

我尚未提及表 B.4 中隐含的一些问题：四种力中两种力的精彩统一——弱相互作用和电磁相互作用的统一。汤川秀树很早以前就意识到，一个交换粒子的质量越大，其范围就越小，也就是力“程”越小。你可以设想自己是能够按照自己想法改变交换粒子质量的神，你会发现当你让这个粒子的质量变得越来越大，而不做任何其他改变的时候，力将会变得越来越弱（而且力程越来越短）。20 世纪 70 年代，三位杰出的理论物理学家——阿卜杜斯·萨拉姆 [Abdus Salam]、史蒂文·温伯格 [Steven Weinberg] 和希尔顿·格拉肖 [Sheldon Glashow]——大胆地提出弱相互作用和电磁相互作用是一种更基本相互作用的不同表现。他们认为实际上这两种相互作用之间的根本区别仅仅是载力子性质的不同。由于电磁力的载力子是无质量的光子，因而是长程力（我们可在数米或数英里以外感受到它）并且相对更强。而弱相互作用是短程力（其作用距离小于质子直径）并且相对较弱，因而要求其载力子质量也较大。没过多久，W 粒子和 Z 粒子的发现为“电弱”统一理论提供了所需的证据。

在某种意义上，弱相互作用和电磁相互作用是完全相同的同一种力。不过，有点不同的是弱相互作用是普遍作用于所有粒子的力，而电磁相互作用则只对带电粒子施加影响。

这几位提出这一统一理论的物理学家分享了 1979 年的诺贝尔奖。萨拉姆是一位文质彬彬的巴基斯坦人，担任伦敦帝国学院（1961—1962 年间我曾在他的研究小组工作过）理论物理系的负责人，他还在意大利的

阿卜杜斯·萨拉姆 [Abdus Salam]（1926—1996），约摄于1978年。承蒙美国物理联合会塞格雷视觉档案室、《当代物理学》[*Physics Today*]、韦伯文献室 [Weber Collection] 及梅格斯诺贝尔奖得主图库许可使用照片

里雅斯特成功地创建了国际理论物理中心。以此为基础，他矢志不渝地帮助和鼓励世界上欠发达地区的物理学家努力奋斗。

温伯格从事电弱统一理论研究时是在哈佛工作，后来他去了位于奥斯汀的得克萨斯大学。* 他对理论物理的贡献涉及很广泛的领域，此外他还是一位坚持为普通读者创作的出色的物理科普作家。温伯格和格拉肖在纽约读高中时是同学，后来又一起成为哈佛大学的教授。格拉肖的父亲是一位未受过高等教育的俄罗斯犹太裔移民，而格拉肖不仅仅在粒

* 据物理学家们传说，温伯格在去得克萨斯工作前提出了一个非常“蛮横”的薪水要求：他要求得到与橄榄球教练一样多的收入。我不清楚这个传说是真是假，如果是真的，也不知得克萨斯大学是否满足了他的要求。

史蒂文 · 温伯格 [Steven Weinberg]（生于1933年），摄于1977年。承蒙美国物理联合会塞格雷视觉档案室、韦伯文献室许可使用照片

希尔顿 · 格拉肖 [Sheldon Glashow]（生于1932年），摄于1980年。承蒙美国物理联合会塞格雷视觉档案室、塞格雷文献室许可使用照片

子物理方面做出了贡献，而且还是一位受非科学专业学生喜爱的优秀教师。

强相互作用

表 B.4 中的最后一条是一组共八个粒子（如果计及反粒子则为十六个）。这些粒子很恰当地被称为胶子，它们提供强相互作用“胶”。它们不带电荷，但却带有色荷的奇特混合，例如，红 – 反绿或蓝 – 反红等。共有八种独立的色 – 反色组合用于定义这八种胶子。* 每当一个夸克与一个胶子相互作用时，该夸克的色就要发生改变，就如同你每次在一个卖 T 恤衫的摊子前停留下来（或者说是与 T 恤摊“相互作用”），用你所穿的 T 恤抵价购买一件不同颜色的 T 恤。与光子之间只能通过带电粒子间接发生相互作用不同的是，胶子除对夸克施加力外，彼此之间也直接施加力。

为什么物理学家会提出诸如夸克、胶子和色等等不可见的概念？因为这些概念是确实发挥作用的。六种夸克、八种胶子和三种色——这些乍听起来就像是用强力胶带缠在一起的万花筒，但这一模式能解释的事实数量远远超出了六加八加三。即使没有上千，也有上百个粒子连同它们之间的相互作用，都处在强相互作用“图景”的指挥之下。

为了使胶子尽可能形象化，可以考虑将一个质子放大成一个篮球大小，现在去掉篮球的“外皮”，留下一个球形的空间。在这个空间中，三个夸克可以自由活动，但绝不会脱离出来。你完全可以想象用三种不同

* 红、绿和蓝现在是强相互作用“色”的标准标识。曾经有一段时间，来自不同国家的物理学家喜欢使用他们自己国家国旗上的各种颜色来进行标识。

颜色的漆将它们装饰起来——当然有一个细节需要指出：夸克都是点，它们是一些没有大小却拥有质量、色、自旋、电荷以及重子数的实体。夸克在运动过程中不断地发射和吸收胶子，因此篮球内部的空间中所包含的并非三个粒子，而是很多个粒子，它们全部都在不停地运动、产生和湮灭着。胶子与夸克一样也是点——没有质量但具有色、反色和其他性质的点。不可思议的是，它们似乎总体上总保持着色中性，并且始终保持单位电荷（即一个质子的电荷）、单位重子数以及 1/2 单位的总自旋。

假如一个夸克要脱离原来那个篮球表面的边界，它就会被胶子强大的作用力拉回来，就像是一个企图从规定的游戏区溜出去的孩子会被警惕的老师拽回来。这种强力非常显著，与万有引力（随着距离增加而减弱）和静电力（也会随着距离增加而减弱）不同的是，胶子的这种拉力会随着距离增加而变得更大，因此夸克和胶子所占据的质子内部空间不需要“外皮”。胶子在边界上无情地管束着夸克，通过越来越强的力确保没有粒子能够逃脱。有证据表明，在质子的中间区域，每个夸克都相对自由地运动着（就像是那些处在游戏区中间的孩子，反而会安全地被老师忽略）。

我们还从未探测到单独的夸克或胶子，因为随着距离增加，这种力的强度也随之增大，所以不大可能把这些粒子中的某一个与其他彼此分开。如果你用一条橡皮筋来类比，就会发现它越是伸展，拉力就越强。或许你想知道是否有可能将足够的能量灌注到质子内部以克服胶子强大的作用力，使夸克获得自由。就像橡皮筋一样，只要拉力足够大，就能使它断开，不论其末端束缚了什么，都会因此而释放出来。正如通常遇到的问题一样，我们周围普通世界的类比往往不能照搬到亚原子世界。质量与能量的等价性再一次使它们纠结在一起。即便将足够的能量灌注到一个质子内（比如，用加速器中发射出的另一个质子来撞击它），将胶子－夸克束缚打破，胶子和夸克仍会抵抗分裂。剥离一个夸克的能量也足以让夸克与其他粒子结合，例如，如果你通过巨大的能量碰撞成功地使一个夸克自由，这些能量中的一部分将会供给其他夸克和反夸克，而这些新的反夸克中的一个将会与即将自由的那个夸克撞在一起，你将会看到你的测量装置中没有自由的夸克，只有一个 π 介子。你从质子中释放出一个夸克，但是它离开之后却跟反夸克结合在一起，你想看到单独夸克的愿望就这样破灭了。

费曼图

美国物理学家理查德·费曼（Feynman 发音为 FINE-mun）——因其聪明才智以及众多不亚于他对物理学伟大贡献的著作而备受赞

理查德·费曼 [Richard Feynman]（1918—1988），约1943年在洛斯阿拉莫斯的证件照。承蒙洛斯阿拉莫斯国家实验室与美国物理联合会塞格雷视觉档案室许可使用照片

誉[*]——发明了一种图示方法来描绘亚原子世界中的事件，为形象表示亚原子世界中的各种过程提供了巨大帮助。特别是这些“费曼图”揭示出，当载力子在两个粒子之间交换时，我们所认为的一些事情就“真实”地发生了，从而说明了粒子间的相互作用。对理论物理学家而言，费曼图不仅为形象化提供了帮助，还为我们提供了分析粒子间可能发生的反应以及计算不同反应可能性的一种途径。不过这里我只想用它们来为形象化提供帮助，这样你就可以更清晰地看到如何通过载力子产生相互作用。

一个费曼图就是一个微型的时空图。为了进一步熟悉这一思想，我们先从一个简单的普通地图，也就是“空间图”开始。这种图可以在街区地图册中找到，通常都是二维的，上北下南，左西右东，地图上的一条线就标记着空间中的一条路线——或者按照数学家的说法，是空间中的一条路线在地面上的投影。图 6 中的线给出了一架飞机从芝加哥中途

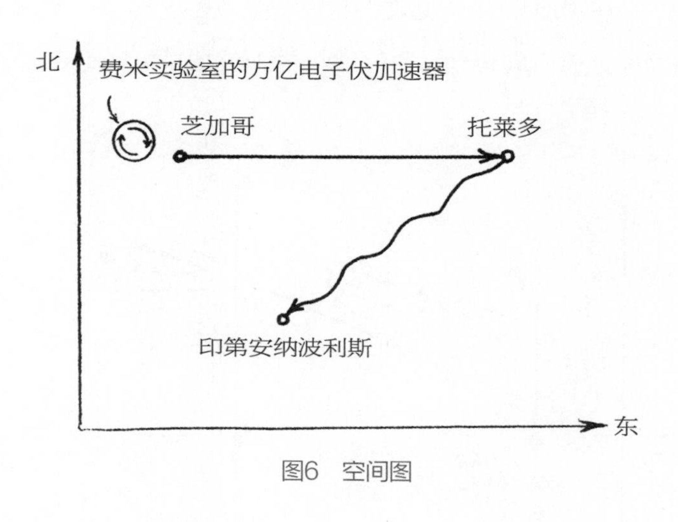

图6　空间图

* 我有幸在加州理工学院做过一次演讲，费曼坐在前排，明显睡着了。当我演讲结束时，他举手提出了一个尖锐得让我吃惊的问题，以至于我不得不回去之后艰苦工作以寻找答案。

国际机场向东直飞托莱多的轨迹、一辆汽车从托莱多沿西南方向去往印第安纳波利斯的轨迹以及费米实验室万亿电子伏加速器中一个质子的圆周运动轨迹（其轨迹被放大很多）。这些线上的箭头表示运动的方向。如果我们想知道飞机飞行的高度或者想了解在地下作圆周运动的质子距地面的距离，我们就需要将地图扩展到三维，给出“上–下”维。即便是这样，我们仍然无法从地图上了解飞机、汽车或者质子在什么时间能够到达某一精确的位置。地图上的线只显示了空间中的路线，要想同时包括时间和空间，我们需要进入四维表示，也就是说进入时空框架，这超出了我们的想象能力。（即便是非常精通相对论的物理学家，对于四维时空进行空间想象的能力，也不比普通人强多少。）

好在时空图的二维版本如同二维街区地图一样好用，这种简化的时空图如图 7 所示，水平轴为 x 轴，表示东–西方向的距离，垂直轴为 t 轴，表示时间。如果你保持站立，你在普通空间图上的“路线”就是一个点，你就站在“那儿”。但是在时空图上就不是这样了，因为我们必然要沿着时间前进的方向运动，所以飞机位于芝加哥机场跑道时，必定是

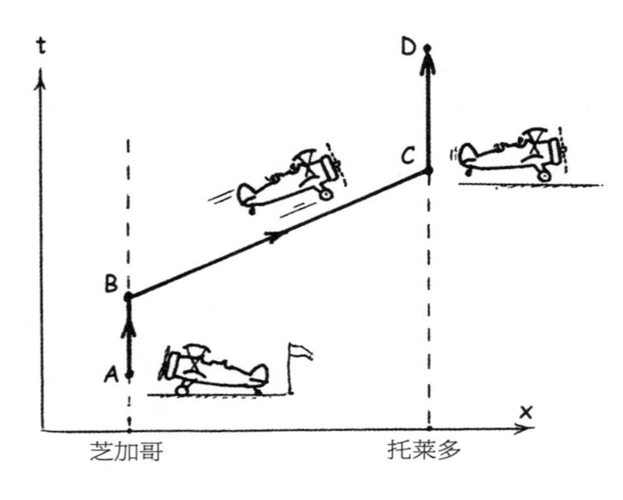

图7　时空图

在用垂直线（图中 AB 线）所标示的起飞之前，空间位置是固定的，但是时间位置并不固定。此后，飞机起飞并以大致不变的速度飞往托莱多，有没有看到图中 BC 线所标示的时空路线是一条斜向右上方的线？这条线向右是因为飞机向那个方向运动，这条线向上则是因为运动中时间的流逝。如果飞机飞得慢一些，这条路线就更接近垂直（接近于表示完全不运动的垂直线）。如果飞机飞得快一些，其路线就会更接近水平线（以更少的时间飞过同样的距离）。最后，飞机降落在托莱多并且停在停机坪上，其时空路线再次成为一条垂直线（图中 CD 线）。

飞机的时空路线 ABCD 被称为它的世界线，注意这条线并没有移动，它就在“那儿”，与普通地图上的线没什么区别，但是它所标示的是飞机在这次旅程中空间和时间两方面的记录。（当然，你可以把世界线想象成是“正在变化”的，可以了解这一过程中任意时刻的相关情况。用相同的方法，如果你在一个空间图上标记出你旅行的路线，你也只能标记出从你的起点到你现在所处位置的路线，并不能完全确认这条轨迹未来将向何处去。）因此时空图能够告诉我们一个“物体”——一架飞机、一辆汽车或者一个亚原子粒子——所处的位置和时间。对于一架飞机或者一辆汽车而言，也许世界线并不能完全展示其所有信息——例如，一个航空服务员在提供午餐服务，或者孩子们在后座玩耍。但是对于一个基本粒子而言，则将一览无余，世界线的每一段都体现了相应处的全部信息。而当世界线的一段在一个发生相互作用的点变化为另一段时，则意味着经历了不同的过程。

在相对论中，一个“事件”就是在一个特殊的时空点，也就是在空间某一点和时间某一刻，所发生的事情。图 7 中点 B 和 C（近似）代表相应的事件。在 B 点的事件：飞机开始运动并且起飞。在 C 点的事件：飞机着陆并且向前滑行直到停止。当然，这两个飞机“事件”都不是在一个单独的空间点或一个瞬间发生的，不过可以通过它们来阐明这种思想。在粒子世界中，事件似乎是在严格的时空点发生的，并且没有空间和时间的扩展。实际上，实验表明，亚原子世界中发生的所有事件归根结底都是因为在时空点发生了小的爆炸事件——除了事件，在该时空点没有什么会幸存。进入该点的与离开该点的截然不同。

在讨论粒子的时空图之前，我们先来看看飞机世界线的另一个特点。图 7 中飞机的世界线是用箭头表示的，这种表示难道不多余吗？毕竟飞机在 A 点和 B 点之间只会沿着一个方向，就是向上“移动”，因为这是时间前进的方向，只有在科幻小说中飞机才会沿着时间倒退的方向运动，所以何必还要用箭头来表示方向呢？因为当我们将这一思想用于粒子时，我们就需要箭头了。亚原子粒子所遵从的科学原理有时候看起来就如同科幻小说，实际上粒子可以沿着时间的负方向运动，并且经常如此，就像它们完成相互作用芭蕾舞一样习以为常。粒子沿时间负向运动的思想是费曼的老师约翰·惠勒提出的，费曼将这一思想融入了以他自己的名字命名的图示法中。

图 8—12 给出了一些表示粒子过程的费曼图的示例。在每幅图中，时间从下往上。设想将一把水平放置的尺子从图的下面缓慢地向上移动以标记时间的推移。例如，在图 8 中，你可以看到两个电子彼此接近，继而在它们相互作用之后，两个电子彼此折回，这被称为电子散射，可表示为：

$$e^- + e^- \rightarrow e^- + e^-$$

此图只是给出了各种可能过程中最简单的一种情况，但却是我们非常确定真实发生的过程。在 A 点，一个电子发射出一个光子（γ 射线）；在 B 点，这个光子被另外一个电子吸收。这样就完成了一个光子的交换，其结果是电子改变了速度和运动方向。这就是电磁相互作用的作用

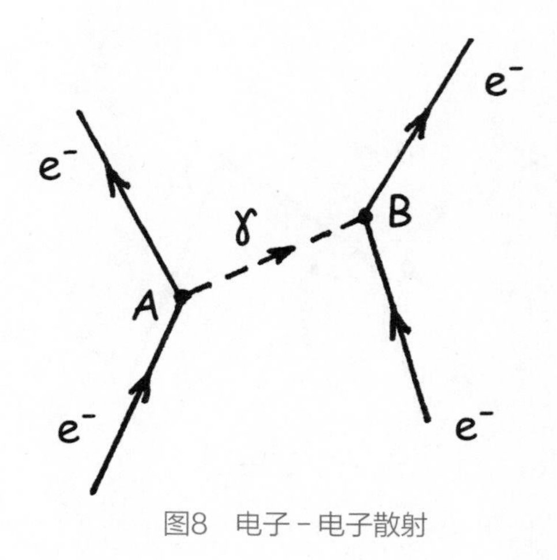

图8 电子－电子散射

过程。

这幅图有两个重要的特点在所有费曼图中都会出现。一个特点很明显，而另一个特点则并不明显。明显的特点是，在相互作用点 A 和 B，三条粒子线相遇，像 A 或 B 这样的点被称为顶点，而且还是个三叉顶点，该点是发生相互作用的时空点。如果看看别的图，会发现所有图都有三叉顶点。此外，A 点和 B 点都是特殊类型的顶点，两条费米子线与一条玻色子线在顶点处相遇。这些图中的费米子既有轻子也有夸克，而玻色子则是载力子——光子、W 玻色子或者胶子。这是一个令人印象深刻的共性，物理学家们现在也都相信了这个事实。世界上所有相互作用最终都是由轻子和夸克在某个时空点发射或者吸收玻色子（载力子）来实现的，而三叉顶点则恰好位于所有相互作用的核心处。

图 8 中并不明显的特点是，相互作用的事件都是一种灾变事件，在这一过程中所有粒子要么湮灭，要么产生。在 A 点，入射电子被摧毁了，产生了一个光子，与此同时产生了一个新的电子。不能认为向上飞向图左侧的电子与图下方从左侧飞入的电子是相同的电子，说它们是全

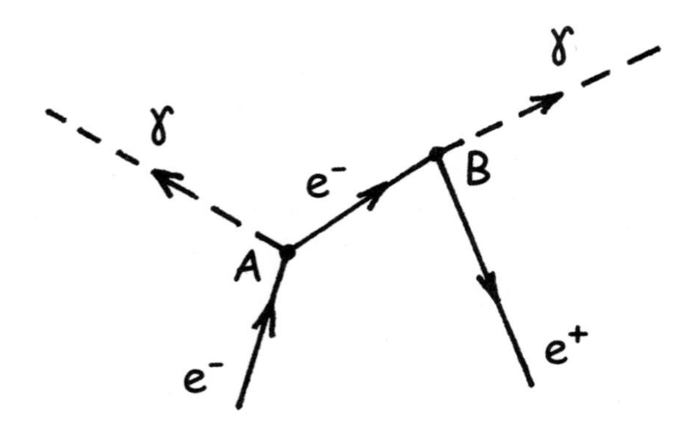

图9　电子－正电子湮灭

同的，因为它们都是电子，但是如果说离开的电子与到达的电子是相同的，那是没有意义的。而在图 9—12 中汇聚于一个顶点的三个粒子的不同就更加显著了。

图 9 中给出了一个电子与其反粒子（也就是正电子）相遇的一种方式，它们湮灭后产生了两个光子，其过程可表示为

$$e^- + e^+ \rightarrow 2\gamma$$

这里又出现 A 和 B 两个相互作用顶点，两条费米子线与一条玻色子线在这里相遇。在 A 点，入射电子发射一个光子，并且产生一个新的电子。新电子向 B 飞去，在那里遇到一个入射的正电子，并发射出另外一个光子。若这一过程沿时间正向发展，你可以再次想象一把缓慢上移的水平尺，而且可以忽略箭头。你可能会问：为什么在可以忽略的情况下仍然保留那些箭头？因为那些箭头可以作为标记，使用它们的目的是为了说明图中的线是属于粒子还是属于反粒子。因此，右侧箭头向下的线代表着一个正电子沿时间正向移动，即图中向上的方向。而（这正是惠勒－费曼描述中最带劲的）沿时间正向移动的正电子等价于一个沿时间负向移动的电子。更多情况下是按照我们看到的情况对图进行解释。一个电

子从左侧入射，沿着时间正向运动，在 A 点和 B 点分别发射出光子，之后反转沿时间反向运动。虽然很奇特，但却是真实的。惠勒与费曼认为按照时间正向正电子描述和时间负向电子描述都是“正确”的，因为它们在数学上是完全等价而没有区别的。不过——你或许会提出异议——你和我都无法选择是沿时间正向还是沿时间负向运动，如同图上缓慢上移的水平尺，我们必须无条件地向前。即便我们在图 9 中看到的是一个正电子向左侧运动，并且与一个电子发生碰撞；但是由于量子世界的特点，我们就得能够接受，这一过程同样也可以被描述成一个沿时间负向运动的电子随着时间流逝向右侧移动。

图 10——费曼图所示的弱相互作用的例子——展示的是一个负 μ 子的衰变过程

$$\mu^- \to e^- + \nu_\mu + \bar{\nu}_e$$

这里 W^- 玻色子作为交换粒子扮演中间媒介的角色。在每个顶点，你都能看到守恒律在发挥作用。一个单位负电荷到达 A 点，另一个单位负电荷离开 A 点；一个 μ 子味粒子（即 μ 子）到达 A 点，另一个 μ 子味粒子（即 μ 子中微子）离开 A 点。在 B 点，电荷再次守恒，电子味也由

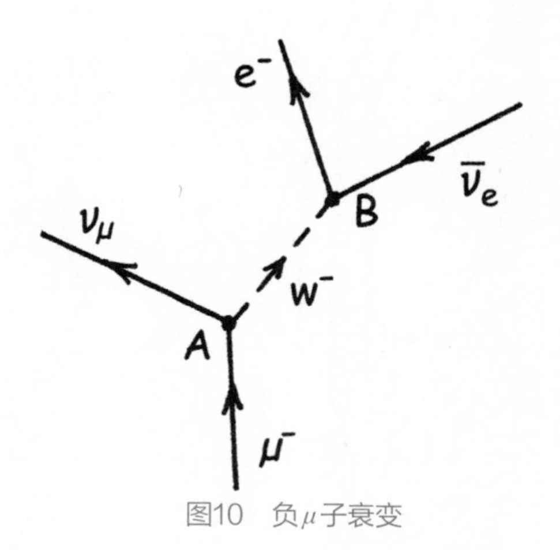

图10　负 μ 子衰变

于产生的电子和反中微子分别具有 +1 和 –1 的电子味数而守恒（前后皆为零）。正如箭头所示，从以上的讨论可知，我们可将顶点 B 视为时间负向中微子吸收一个 W^- 粒子变成时间正向电子的拐点。

图 10 所示的 μ 子衰变过程，由于产生并发射出一个电子，实际上可被看成是一个 β 衰变过程，就像是一个放射性核的 β 衰变。图 11 则描绘了中子衰变的类似过程：

$$n \rightarrow p + e^- + \bar{\nu}_e$$

你会发现图 10 与图 11 十分相似。在图 10 所示的过程中，一个负 μ 子通过弱相互作用转变成一个 μ 子中微子。而在图 11 所示的过程中，一个下夸克通过弱相互作用转变成一个上夸克，在这一衰变中强相互作用并未发挥作用，但是它将三个夸克全都束缚在最初的中子和最后的质

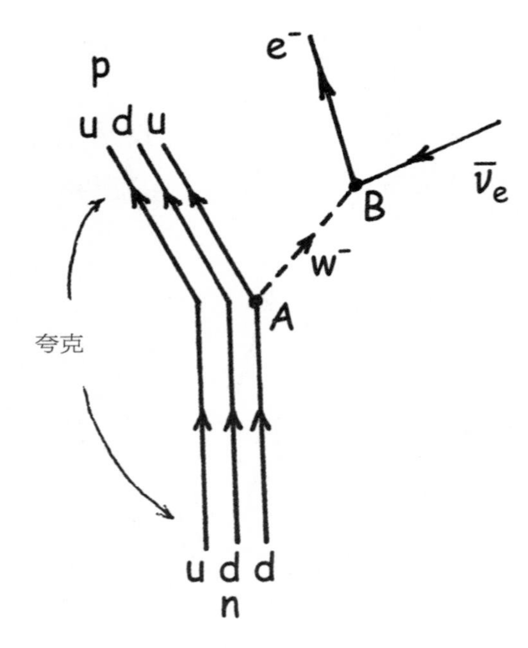

图11　中子衰变

子中。

最后，图 12 非常清晰地显示了三个夸克（它们可组成质子或中子）之间是如何交换胶子的。这回我们用字母来表示这三个夸克的色荷：r 表示红，g 表示绿，b 表示蓝。图线的“上”或“下”在相互作用时不会发生改变，因此左边图线所表示的是夸克在红、蓝、绿之间的循环，并且总是保持是一个上夸克或者是一个下夸克的状态。图中给出了四个相互作用顶点的例子（注意每个顶点都是一个三叉顶点，两条费米子线和一条玻色子线将在那里相交）。在 A 点，红夸克发射出一个红－反蓝胶子（记为 $r\bar{b}$），并变成一个蓝夸克。随后，在 D 点，这个蓝夸克吸收一个绿－反蓝胶子，从而成为一个绿夸克。在 B 点，一个蓝夸克吸收了从 A 点放出的红－反蓝胶子并变成一个红夸克。在 C 点，一个绿夸克则放

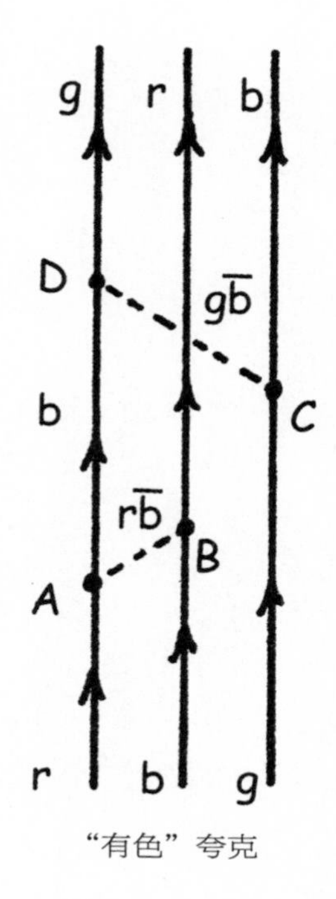

“有色”夸克

图12　夸克交换胶子

出一个绿－反蓝胶子成为一个蓝夸克。展开你的想象，想象一下每秒钟在一个质子内发生数十亿次的发射、吸收以及色交换舞蹈的情形吧。由于强相互作用力的性质，使得粒子离得越远就越难分开，夸克竭尽所能也无法获得自由，它们将继续它们的三人芭蕾直到永远。

量子团

所有物体都有辐射吗?

量子是什么意思?

哪两个原因使物理学家认为物质就像洋葱,有一个内核,而非无限制地层层剥离?

质量是量子化的吗?是否存在基本量子质量单位?

……

马克斯·普朗克 [Max Planck]（1858—1947），由杜尔库[R. Dührkoop]拍摄。承蒙美国物理联合会塞格雷视觉档案室及梅格斯诺贝尔奖得主图库许可使用照片

马克斯·普朗克并没有打算开启一场革命。1900 年 12 月，当他向位于柏林的普鲁士研究院公布他的辐射理论，并引入他那如今已人所共知的常数 h 时，他认为他只是对经典理论提出了一种改进，以修补这座坚固大厦的微小裂缝。（当他所触发的量子革命在此后数年之内愈演愈烈时，普朗克并不想参与其中，他不能接受他自己所提出的理论。）

普朗克所修补的问题是在电磁学理论和热力学理论相互融合的过程中被发现的。电磁学理论主要处理光（和其他辐射）以及电学和磁学问题。而热力学理论则处理复杂系统中的温度以及能量的流动和分布问题。这两大理论是 19 世纪物理学的支柱理论，但却不能解释“空腔辐射”——一个温度不变的密闭容器内的辐射。

正如普朗克以及与他同时代的物理学家所了解的，任何物体在任何温度下都会发出辐射。温度越高，辐射的强度就越大，辐射的平均频率也就越高。这些规律听起来似乎有些复杂，但是日常经验却证实了这些规律。在电炉中加热的元件，在温度较低时发出的主要是红外频率范围内的辐射，如果你把手放在该元件上方，就能感受到它的热量。在高温时，加热元件发出更强的辐射，并且某些辐射已经从低频的红外线转移到较高频的红色可见光。一个冰冷物体的辐射通常不大为人所知，但其实即便是北极的冰盖也在发出辐射，它的辐射要比加热的元件辐射强度低得多，并且频率更低，但是足以将部分地球能量反射回宇宙空间。

在一个空腔（例如你的房间）内部，众多不同频率的辐射来回反射，被内壁不断发射和吸收。在普朗克之前，科学家们已经掌握了这种辐射的显著特点：其性质仅与内壁的温度有关，而与内壁的构成材料无关。

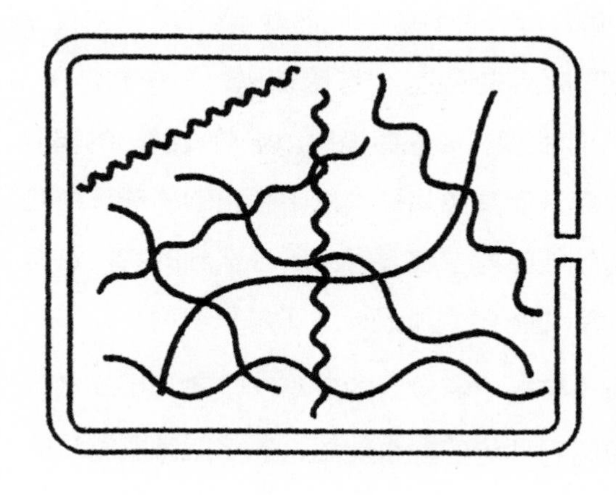

图13　空腔内不同频率的辐射

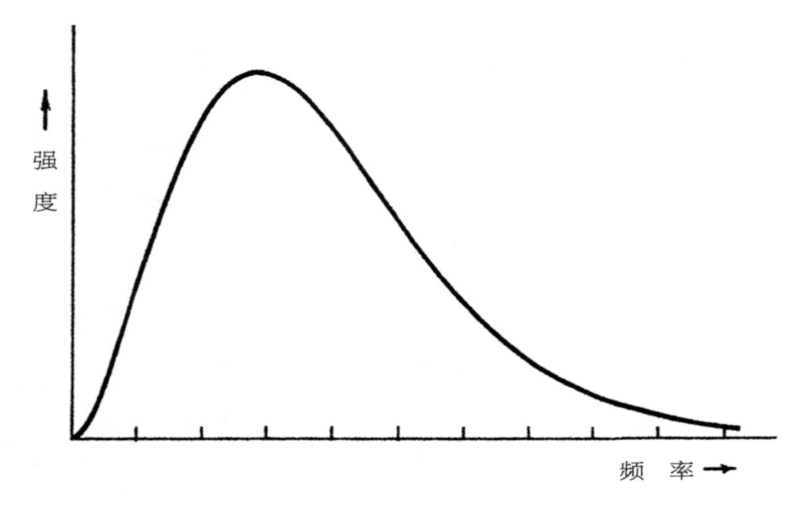

图14　空腔辐射的强度

不过尽管其性质如此惊人的简单，但是为解释其辐射强度随频率的分布所做的各种努力均告失败。

1900年10月，普朗克得出了一个关于空腔内辐射能量分布的公式，与实际情况非常契合。但是这个公式并没有理论基础，是采用物理学家们称为“曲线拟合”的方法得到的。普朗克认为他的这个出色的公式一定是正确的——可是它为什么正确呢？在与辐射有关的原子和分子层面将会对这个公式做出什么样的解释呢？他开始为此而着手行动。“在我一生中最紧张的几周工作之后，”他后来说道，“黑暗褪去，一个崭新的、前景无法想象的黎明降临了。”他发现，如果假设振动电荷发射出的辐射并不像水管中喷出的水那样连续，而是像从投掷机中弹出的棒球那样是一团一团不连续的辐射，那么就能够对空腔辐射中所观察到的特征进行解释。他将这些不连续的团称为“量子”。于是诞生了量子理论。

普朗克必须特别地假设每个振动电荷发射的最小能量子与振动频率成正比，所以两倍的频率就意味着两倍的最小能量，三倍的频率就意味着三倍的最小能量，等等。成正比的关系可以用比例常数写出一个简单的公式表示出来，该公式为：

$$E = hf$$

在这里 E 是量子能量，f 是频率，h 是比例常数，我们现在称之为普朗克常数。通过公式与实验数据的拟合，普朗克推导出了常数 h 的数值，他所获得的数值与我们今天所知的精确数值只相差百分之几。

在第 3 章中你曾遇到过这个公式，是用来表示光子能量的，爱因斯坦在 1905 年给出了这个公式的解释。在那之前五年，普朗克只是用这个公式来解释振动电荷所发出的辐射能量。普朗克并没有指出辐射能量是量子化的（也就是团状的）；他只是说能量按照量子化的方式相加，就好像你能够用一个桶、两个桶、三个桶以及任意多个桶盛满水注入游泳池，但是任何一次加水都不能少于一桶。而水池中的水可以按照你希望的方式去分割，不必只用桶（这大约就是光子假设之前的推论）。

毫无疑问，普朗克信奉经典的描述，即辐射的发射频率与电荷的振动频率相同——就像五弦琴发出的声音频率与琴弦振动的频率相同一样。（爱因斯坦对光子做了同样的假设。）直到 1913 年尼尔斯 · 玻尔将量子的思想应用于氢原子时，问题才变得清晰起来——决定辐射频率的是辐射系统的能量改变。根据玻尔的理论，一个电子在发射光子之前以某个频率振动，在它发射光子之后，将以另外一个频率振动，电子所发射的光子频率与电子发射前后的振动频率皆不同。普朗克的公式为解释这一变化景象提供了一线生机，却再一次被赋予了不同的含义。在玻尔看来，公式 $E=hf$ 中的 E 是系统的能量改变，f 则是辐射的频率，而并非振动频率。（玻尔于 1913 年仍未完全接受爱因斯坦的光子，所以他没有讨论光子，但是我们现在可以说系统的能量损失 E 就等于产生光子的能量。）

盒子的白色内表面从边上的小孔看是黑色的，这是由于几乎所有进入的光都被吸收而无法逃出。这个盒子内即为空腔辐射。照片由罗伯特·道格拉斯·凯里[Robert Douglas Carey]拍摄，承蒙培生教育出版集团及严海伦 [Helen Yan] 许可使用照片

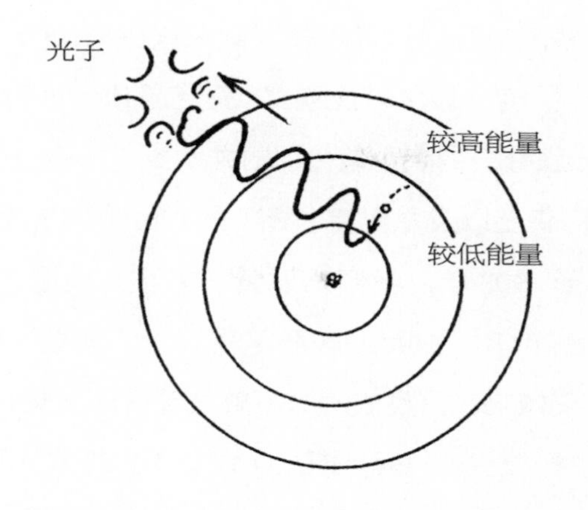

图15　能量改变决定光子频率

空腔辐射通常被称为黑体辐射，一个理想的“黑体”能够吸收所有到达其表面的辐射。这种黑体辐射能量时的强度和频率分布与空腔辐射的特点相同。原因很简单，在空腔内部经反复反射之后的辐射最后会被全部吸收，所以空腔的内表面就是“黑”的（即便它被漆成白色！）。太阳的表面也非常接近于一个黑体——尽管它绝对不是黑色的。当约翰·惠勒在 1968 年为描述物质的完全坍塌态而创造出“黑洞”这个名字时，他是通过类比黑体概念提出的。黑体吸收所有到达其表面的辐射，但是也向外辐射能量。黑洞则吸收所有接近它的东西（包括辐射和物质）而不向外辐射。*

当普朗克在 1900 年引入量子思想时已经 42 岁，大大超出了许多理论物理学家取得显赫成就时的年龄（比如我在第 3 章中提到过，卡尔·安德森是在 26 岁取得显赫成就的）。四分之一世纪之后，也就是 1924—1928 年之间，那些为发展量子力学完备理论做出贡献的物理学

* 是的，几乎不向外辐射。英国理论物理学家斯蒂芬·霍金 [Stephen Hawking] 发现黑洞实际上有轻微的辐射。什么原因？是微妙的量子效应所致，详见第 10 章。

家中，有不少在普朗克开启这场革命时尚未出生。1900 年，马克斯·玻恩 [Max Born]、尼尔斯·玻尔以及欧文·薛定谔 [Erwin Schrödinger] 都只有十几岁，萨特延德拉·纳特·玻色那时才 6 岁，沃尔夫冈·泡利还在襁褓中，沃尔纳·海森堡以及恩瑞克·费米在 1901 年才来到这个世界，保罗·狄拉克则生于 1902 年。我们常说量子力学（亚原子世界的基本理论）是在 20 世纪 20 年代中叶由一群年轻人所“创立”或“完成”的，在某种意义上确实如此，但是依然有不解之谜。许多物理学家始终认为量子力学尚待完善，这并不是说量子力学做出了错误的预测，也并不是说量子力学不能处理像夸克这样的粒子、像色这样的概念，或者万亿伏特这样的能量，只是这个理论看起来似乎还缺少一个基本原理。“为什么会出现量子？”约翰·惠勒总喜欢问。“当你思考量子理论时如果没有感到眩晕，”尼尔斯·玻尔公开说，“你就还没理解它。”骄傲而聪明的美国物理学家理查德·费曼对量子力学的理解和其他人一样深刻，他曾写道：“我那些物理专业的学生也不理解量子力学，因为我自己就不理解。”* 许多物理学家相信，量子力学一定还有某些因素尚待发现。

从 1900 年 12 月柏林的那一天起，至今仍经受住时间考验的是普朗克常数。它始终保持着量子理论基本常数的地位，其衍生的作用已远远超出当年所扮演的辐射能量与辐射频率比例常数的最初角色。正如我在早先提到的，普朗克常数是决定亚原子世界尺度的常数，并且是它将亚原子世界与我们日常经历的“经典”世界区分开来。

本章主要讨论量子团，迄今为止我只讨论过一次：辐射能量团（或量子）变成了发光能量团（或粒子），即我们所知道的光子。

自然界有两种团：物质的颗粒性以及这些物质某些性质的颗粒性

---

* 理查德·费曼，《量子电动力学》[*QED*]（美国新泽西州普林斯顿：普林斯顿大学出版社，1985 年），第 9 页。

（不连续性）。我们从物质的颗粒性入手，所有人都知道你不能把物质无限细分。如果你把物质分得足够精细，就会得到原子（“atom [原子]”一词最初意为“不可分的”）；如果你将原子剥开，就能得到电子和原子核；继续分割最终还能得到夸克和胶子。迄今为止据我们所知，这就是所能得到的最小层次了。我们知道电子和夸克都没有大小、没有结构，“那么，”你或许会问，“这会不会是因为我们迄今尚未探求到更深层面呢？为什么不会无限可分？”科学家们有两个理由相信物质如洋葱一样，有一个内核，也就这么几层就能剥开，我们已经到达，或者我们已经非常接近于到达那个内核了。

这一结论的一个理由是，只需要几个量就可以完全描述一个基本粒子。例如，一个电子，可通过质量、电荷、味以及自旋来描述，还可通过它与弱相互作用——以及与之相关的——载力玻色子的相互作用强度来描述。物理学家们确信如果电子还有什么性质没有被发现，那么，那些未被发现的性质也一定屈指可数。所以只需要用一个十分简短的列表就可以列出那些表明电子性质的所有物理量。但与此形成鲜明对比的是，要想完全描述一个“简单”的钢滚珠需要非常繁多的物理量。通常如果我们知道了滚珠的质量、半径、密度、弹性、表面摩擦以及其他一些性质，我们就会说对于滚珠，我们已经了解了我们需要了解的一切。但实际上这些性质并不能完备地描述滚珠。要想完全描述它，我们还需要知道它包含多少铁原子、多少碳原子，各种其他元素有多少，这些原子如何排列，无数的电子在材料中如何分布，是什么振动能量在扰动原子等等。你会发现如果列表举出描述滚珠最详细的细节将需要无数栏。似乎当我们剥开洋葱的层层表皮时，对于物质的描述确实越来越简单了，并且显然不会再有比目前对基本粒子的描述简单得多的层次出现了。

相信我们已经接近物质真实内核的另外一个理由——一个与描述简

单化原则紧密相关的理由——是粒子的全同性。即便使用最苛刻的制造标准也无法制造出两个完全相同的滚珠，但是我们有足够的理由认为所有的电子都是全同的，所有的红上夸克是全同的，等等。如果电子是全同的，那么电子遵守泡利不相容原理（该原理告诉我们，任意两个电子都不能以完全相同的运动状态共同存在）的事实就不难理解。但是如果电子彼此之间有所不同，就无法理解这一原理了。假如物质有无限多层尚未发现，我们就可以认为电子与滚珠一样复杂，那么就不会有哪两个电子是相同的了。要想完全描述电子就需要列出海量的信息。这显然与事实相悖。基本粒子的简单性以及它们的全同性，为确信我们已经接近物质最后的“真实”提供了强有力的理由。

现在我来谈谈物质某些性质的颗粒性。

电荷与自旋

我已经介绍过物质的一个量子化性质，即电荷。有些观测到的粒子不带电荷，所有那些带电荷的粒子所带的电荷都是质子电荷 e 的（正或负）整数倍。自旋则是另外一个量子化性质，自旋可以是零，或电子自旋的整数倍，电子自旋在角动量单位中是 $(1/2)\hbar$。对于粒子——包括复合粒子——整数因子通常是 e 和 $(1/2)\hbar$ 的 0、1 或者 2 倍。不过日常生活中的物体所带的电荷和角动量可能会远远大于 e 和 $(1/2)\hbar$。量子团或者量子化意味着这些性质的允许取值之间的差值是有限的，但并不意味着可能的允许取值只有有限个，就像 2、4、6 等偶数，它们之间的间隔是有限的，但是这些偶数可以取无限多个可能值。电荷和自旋的间隔是有限的，但可以取无限多个可能值。

我们尚不清楚基本电荷 e 为什么那么小，即便在粒子世界中它也是相当小的量，通过它可量度带电粒子和光子之间的相互作用强度。这种相互作用（电磁相互作用）要比夸克－胶子的相互作用（被称为强相互作用）弱一百倍。* 在此基础上我们说电子电荷很小，尽管这两种相互作用与弱相互作用相比都要强得多。这里的关键是电荷量子团的大小是一个简单可测的量，但是我们并不清楚为什么它会有这样的值。

同样，$\hbar$ 的大小（它决定着自旋量子团的大小）则是一个没有理论基础的物理量。20 世纪 20 年代发展起来的量子力学理论解释了自旋和角动量量子化的存在，但是并没有对量子单位的大小进行解释。

玻尔在他 1913 年的论文中假设角动量是 $\hbar$ 的整数倍。之后的量子理论为自旋量子团提出了三条原则。

1. 费米子（如轻子和夸克）具有 $\hbar$ 的半奇数倍自旋（1/2、3/2、5/2 等），而玻色子（如光子和胶子）则具有 $\hbar$ 的整数倍自旋（0、1、2 等）。

2. 轨道角动量总是 $\hbar$ 的整数倍（0、1、2 等）。

3. 无论是自旋还是轨道角动量都只能指向某些特定的方向，且角动量沿着任意给定轴的投影值都依次只差 $\hbar$（也就是说相差一个角动量单位）。

这三条原则非常有趣，当我们说自旋“指向”某个方向时，意思是自旋的轴指向那个方向。例如，我们可以说，地球的自转指向北极星，意思就是地球的轴指向那个方向。“投影”的思想在图 16 中进行了解释。箭头表示角动量指向不同的方向，从箭头顶端出发，向一个轴所作的垂线描绘出角动量向那个轴的投影，听起来有些复杂，但是并不难理解。

* 严格地说不能比较不同相互作用的相对强度，因为它们有不同的数学形式。粗略地讲，就好像当你穿过房间看到 A 和 B 两个人时，A 对你的吸引力远强于 B 对你的吸引力，可是当你走近他们时，却发现 A 对你的吸引力也只是比 B 对你的吸引力大一点而已。“吸引力的相对强弱”只能近似区分，不是完全准确的。

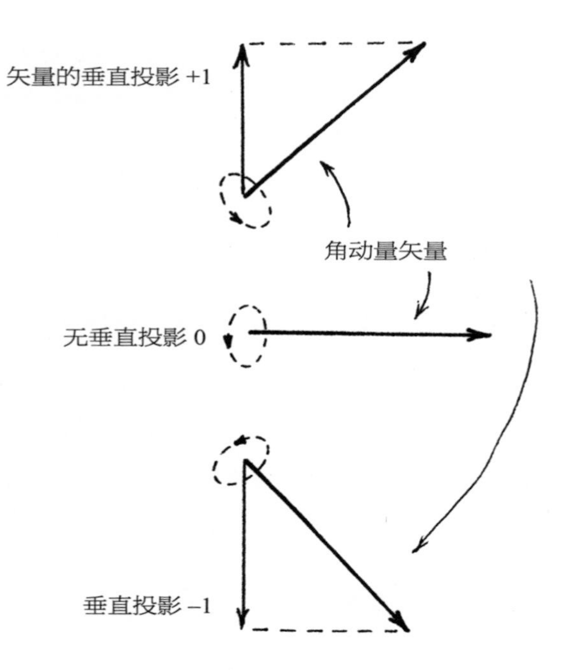

图16　轨道角动量1的投影

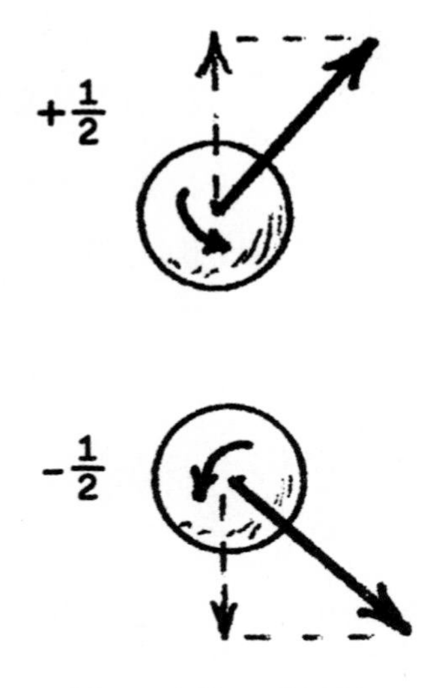

图17　自旋1/2的投影

“方向量子化”（原则 3）意味着对于任意给定的角动量，都只有有限个可能的方向。例如，假如一个特定的轨道角动量为 1，有三个可能的方向，可以指向“上”“下”或这两者中间。一个电子或其他 1/2 自旋粒子只有两个可能的方向，“上”对应投影值 1/2 以及“下”对应投影值 –1/2（根据原则 3，两个投影值之间必须相差 1）。*

色　荷

色荷与电荷一样，也是按照量子单位出现的：它也是一种量子团。在第 4 章中我曾说过，一个夸克可以具有三种“色”之中的任何一种，方便起见称为红、绿和蓝，对于反夸克，则有反红、反绿和反蓝。如果两个红夸克在一起（实际上不会这样），它们的组合将具有两个红色单位的色荷，三个红夸克组合在一起将具有三个红色单位的色荷等等。这与同号电荷的情况一样，两个电子的总电荷为 –2 倍单位电荷，三个电子的总电荷则为 –3 倍单位电荷等等。色的“抵消”则有点复杂，等量的正负电荷总体的净电荷为零，而三种色组合在一起则会导致无色——可以是红、绿、蓝或者反红、反绿、反蓝。正因为这样，我们在自然界中观察到的所有物质都是无色的，这意味着色的积累不会体现在大尺度的世界中。与此相反，电荷则可以并且也确实在大量积累，从而产生许多带电物体，我们常能在身边看到——无论是刚梳理过头发的梳子，还是即将通过闪电与地球相连的雷雨云。

---

* 有一个数学公式可以给出任意给定角动量（以 $\hbar$ 为单位）具有多少可能的方向，即二倍角动量加 1。对于二分之一自旋，该公式计算结果为 2；如果自旋为 1，则计算结果为 3；如果自旋为 2，计算结果为 5。

质　量

在某种程度上，最明显的团状不连续物理量应该是质量，所有粒子都有自己的专有质量。实际上，所有复合粒子——如一个原子核或者一个蛋白质分子——都有其确定的（因而是量子化的）质量。但是由于能量对质量的贡献，复合粒子的质量并不等于其组成粒子的质量总和。例如一个中子，它的质量要比组成它的三个夸克（还要加上任意多个无质量的胶子）质量之和大得多，能量是这一混合的一部分，它对质量有贡献。再如氘核（重氢核），由一个质子和一个中子组成，它的质量略小于一个质子和一个中子的质量之和，能量——不过这次是束缚能——也能对质量形成负贡献。要想把一个氘核打破变成其组成粒子，必须施加能量——恰好足够抵消束缚能。

电荷和角动量更简单。一个中子的电荷（为零）是组成它的所有夸克的电荷总和。氘核的自旋角动量是组成它的质子和中子自旋角动量之和（矢量和，考虑大小和方向）。诸如此类，对于所有复合粒子皆如此。复合粒子的总质量并非组分质量直接相加的事实从最根本上提醒我们，复合物质并非各组分的简单组合——而是一种全新的物质。

从附录 B 的表 B.1 或表 B.2 中并不能看出基本粒子质量的明显规律，科学家们也尚未从中找到任何规律（尽管对于有些复合粒子找到了近似的规律）。为什么 μ 子的质量是电子质量的二百多倍？为什么顶夸克的质量是上夸克质量的五万多倍？没有人知道原因，量子化质量尚待进一步研究以给出解释。

能　量

最后我再来说说能量，它称得上是物理学中最普遍的概念，能量的量子化是量子理论的开端，并且在量子理论此后发展的每一步中都扮演着重要的角色。普朗克和爱因斯坦解决了辐射能量，玻尔进一步引入了物质能量。对于氢原子的光辐射产生线状光谱，人们已有数十年的了解，而这一事实意味着原子辐射的频率只能是某些离散的特定值（表现为线状是因为光在被确定频率之前通过了一个狭缝）。在量子理论出现之前的时代，这也并没有什么令人惊讶之处，可被解释为原子内的电荷只能以某些频率振动，就像空气在风琴管、双簧管或者长笛中的振动以及钢琴琴弦或者小提琴琴弦的振动一样。你可以说原子在辐射音乐，并且没有噪音。

不过到了玻尔时期，量子理论的两个进展却让原子线状光谱变得有些扑朔迷离，一些问题急需新的解释。导致原子线状光谱遇到麻烦的两

尼尔斯・玻尔 [Niels Bohr]（1885—1962），摄于1922年。承蒙美国物理联合会塞格雷视觉档案室及梅格斯诺贝尔奖得主图库许可使用照片

个进展，其中之一是普朗克和爱因斯坦的能量–频率关系，如果原子仅以特定频率发出辐射，那就只能减少特定量的能量；另外一个进展则是欧内斯特·卢瑟福和他的同事在 1911 年发现，原子由位于中心处的一个小原子核以及绕核运动的电子组成，其大部分空间是空的。

经典理论无法处理上述情况。根据经典理论，氢原子内绕核运动的电子将从较高频率开始向外连续辐射能量，并将在大约 10^{-8} 秒内以螺旋式运动向内掉入原子核。26 岁的玻尔此时离开了他的祖国丹麦，前往位于英国曼彻斯特的卢瑟福实验室开展客座研究，他认为非常需要提出一种根本性的新思想。玻尔推理认为氢原子内的电子不能连续不断地失去能量，而必须在一个定态存在一段时间，然后通过量子跃迁到达较低能量的定态，直到最后到达基态，就不再向外辐射。三个革命性的思想紧密相连、缺一不可。后来他进一步增加了第四个革命性的思想，即角动量量子化以 $\hbar$ 为单位，这样他就能对氢原子线状光谱中观测到的各种频率进行定量解释了。

玻尔还引入并且使用了另外一个思想，即对应原理。该原理认为当量子间隔相对小时，量子结果应该趋近于经典结果。现在我来解释一下这两个听起来不太科学的词汇“相对小”和“趋近于”的含义。对于氢原子来说，“相对小”的意思是相邻量子化物理量之间的微小改变非常小。如果两个相邻态的能量或者两个相邻态的角动量相差百分之一，我们就说这种间隔相对小；如果相邻态的能量相差百分之一的百分之一，那么间隔就相对更小了。实际上，对于氢原子内电子的最低能态，这种量子步长反而相对大，经典理论在这里完全失效。当绕核运动的电子离核越来越远时，我们称之为“激发”态。从一个激发态到下一个激发态的相对改变越来越小，经典理论在这里开始逐渐有效了。当我们说对于这些态，量子结果“趋近于”经典结果，我们的真实意思是，当量子间隔越来越小（从百分比看）时，量子与经典结果之间的区别也会变得越来越小，那么量子结果将与经典结果相“符合”。

对应原理是不精确的，我们甚至可以认为它是模糊的。但是由于它为量子理论设置了范围，所以是一个很重要的原理。对应原理要求当量子理论应用于经典理论也有效的情况时，量子结果必须与经典理论相一致（或接近），这有点像是从一个十车道的超级高速公路转换到城镇街道，交通工程师必须设计安排车流量从一个区域渐渐平滑地过渡到另一个区域。工程师的“对应原理”就是要求车道的数量越来越少，道路的高速公路原则必须趋近于城镇街道原则。

玻尔将他的论文草稿交给了他的导师卢瑟福（卢瑟福此时 41 岁），并告诉卢瑟福，由于只能解释氢原子光谱，不能解释较重元素的光谱，他不打算将它发表，卢瑟福英明地劝告他大胆发表。据说卢瑟福曾说：“如果你能解释氢原子，那么人们对其他元素也会有信心。”不过玻尔论

欧内斯特·卢瑟福 [Ernest Rutherford]（1871—1937），约摄于1906年。承蒙美国物理联合会塞格雷视觉档案室许可使用照片，由奥托·哈恩 [Otto Hahn] 及劳伦斯·巴达什 [Lawrence Badash] 赠送

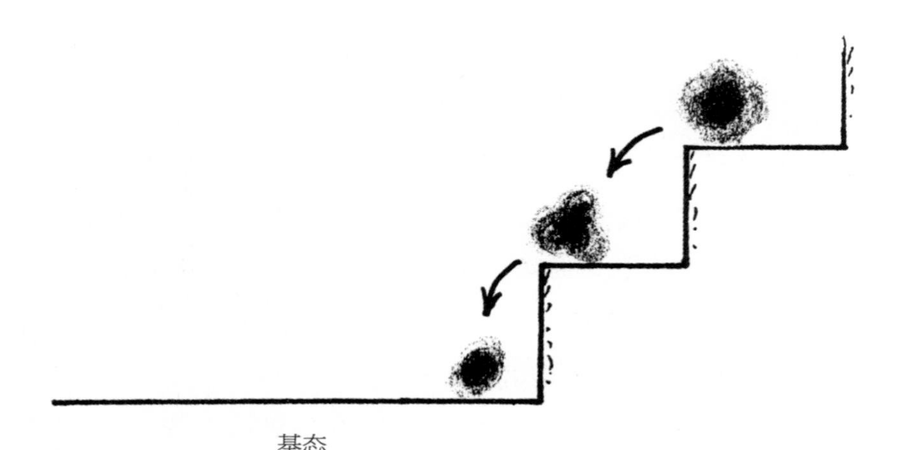

图18　电子逐级跃迁至较低能态

文的一个问题也确实困扰着卢瑟福。*"在我看来，"他写道，"似乎你必须假设电子预先知道它将要停在何处。"卢瑟福的困惑也正是下一章中将要讨论的一个量子之谜。

处于"定态"的电子并非如字面那样处在不运动的静止状态，它以高速在空间某个区域运动，但是它的能量和角动量具有固定（确定）的值。电子会从一个能态跃迁至一个较低能态，继而再向更低能态跃迁，就像一个下楼的人，在每一级都会有所停留。从一个台阶到下一个较低的台阶，人会失去一些势能，继续下楼，就会继续失去更多的势能，直到抵达楼梯台阶底层。电子也会到达底层，它有一个最低能态，即基态。基态具有零点能，零点能是无法提取的能量。基态的电子仍然具有大量动能并继续绕核运动，但量子力学的原则禁止电子失去能量向更低能态跃迁，因为没有更低的能态。就好像你到达了楼梯的最底层，没有更低的台阶，你被禁止钻进地球，你已经处在了你的基态。尽管原则上你还

* 卢瑟福，一个大人物，一个脾气急躁、喜欢在实验室里大声唱歌的新西兰人，对于那些与他能够描绘的事物关联不上的数学理论毫无耐心。玻尔的定态和量子跃迁理论，尽管是革命性的思想，但也要经受卢瑟福的考验。

可通过例如矿井通道继续向地面之下的地球中心运动，从而释放更多能量，但实际上你无法实现，你将继续待在地面上。

当我们考虑将物质冷却至绝对零度时，还会出现零点能的概念。绝对零度并不能真实达到，但是物理学家们可以获得与之相差不到百万分之一度的温度。我们可以定义绝对零度是物质不能再放出热量（能量）的温度，物质整体处在基态，就像单个原子一样，此时其能量（虽然不可用，但可能相当大）就是零点能。

人们发现，量子理论中的量子化能量只针对空间非常有限的系统——像原子、分子和原子核之类的系统。作为一个普遍的原则，系统越有限，运动状态的能量分离就越大，* 因此微小原子核内的能态相隔很宽，一般可达几十万或几百万电子伏特。而对于更大一些的原子内的能态，其能态间隔一般只有几个电子伏特。由于分子比原子更大，所以分子的能量间隔就更小了。

以上原则的一个推论就是，如果没有限制，那么可能出现的能态之间就不会有间隔。一个电子不受限制地在空间中自由运动，可以具有任意能量——或者换种说法，可能的运动状态之间的能量间隔为零。在一块金属中，导电的电子（负责载流）所受限制较少，可以在几厘米的距离范围内自由运动。这几厘米的距离相对于原子或原子核的尺度是十分巨大的距离，因此实际上导电电子可认为不受限制，其相邻能态之间的间隔小到可以忽略。

现在来说说与基本粒子有关的一个更为深奥的问题。两个氢原子，一个处在基态，另一个处在激发态，那么这两个氢原子是同一物质的两个状态呢，还是完全不同的两种物质？由于它们具有许多共同点，所以

---

* 对这一原则的解释可在物质的波动性中找到，我将在第 9 章中讨论物质的波动性。

我们通常将它们视为相同物质的不同状态。但是从最根本的层面来看，它们应是不同的物质。一个激发态的氢原子发射一个光子，并跃迁为基态氢原子，原则上与一个 μ 子发射中微子和反中微子之后“变成”一个电子没什么区别。在后一过程——粒子过程——中，我们通常认为 μ 子湮灭，并产生中微子、反中微子和电子。同理，当一个激发态氢原子衰变时，我们也可以说它湮灭并且产生一个光子和一个基态氢原子。因此，归根结底，无论我们谈论的是原子、分子、原子核或粒子，它们的变化过程都是一种或者多种物质湮灭，并产生一种或多种其他物质的过程。

上面的推理会让我们提出一个相反的问题，即如果一个原子的不同能态可被视为不同的物质，那么不同的粒子是否能被视为是某些更基本“物质”处在不同能态呢？对于有些由同种夸克组成的复合粒子，回答当然是肯定的。我们知道同种夸克能够按照不同方式组合——例如，不同排列的自旋组合——形成不同的粒子，这些粒子的质量反映它们的总能量，物理学家已经仿照氢原子激发态能量之间的关系，在这些复合粒子的质量之间找到了近似的关系。另一方面，对于我们所谓的基本粒子（轻子、夸克和载力子），我们并不知道是否也可以这样。到目前为止，这些粒子看起来似乎完全不同，需要通过弦理论或者其他某种方式去进一步研究，或许基本粒子也“只不过”是某些更基本物质的不同能态而已。

量子跃迁

从理论上讲，物理学家能确定投掷的硬币哪一面会着地吗？

放射性衰变事件从什么角度讲是一种“核爆炸”？

扫描隧道显微镜利用了什么量子现象？

在粒子的自发衰变中，产物的质量之和总是小于衰变粒子的质量吗？

……

卢瑟福给玻尔提了一个非常好的问题：处于激发态的电子如何知道哪个较低能态是它该跃迁的状态呢？* 我还可以再追加一个问题：电子怎么知道什么时候跃迁呢？从那时起经过十多年的时间，这些问题才找到答案。1926 年，马克斯 · 玻恩 **——德国哥廷根小组的成员，该小组为创立全新的量子力学发挥了重要作用——已经具备了回答这些问题的学识。他说，亚原子世界的基本规律是概率性的规律，而不是确定性的规

马克斯 · 玻恩 [Max Born]（1882—1970）。承蒙美国物理联合会塞格雷视觉档案室许可使用照片

* 当然，电子什么都不知道，这样的说法只不过是物理学家们在讨论电子运动规律时的一种讨论方式而已。

** 玻恩在 1933 年离开了纳粹德国，首先去了英格兰，1936 年去了苏格兰爱丁堡，他在那里担任教授直至 1953 年退休。他的孙女奥利维亚 · 牛顿 – 约翰 [Olivia Newton-John] 没有选择物理，而是选择了唱歌和表演。

律，量子力学不预测并且也不能预测一个特定原子内的特定电子何时发生跃迁，或者跃迁到什么状态。换句话说，电子不知道什么时候跃迁到什么地方。量子力学所给出的是电子跃迁的概率，这一概率可以非常精确地计算出来，因此我们可精确了解一个处在激发态 A 的电子跃迁到较低的能态 B 的概率。对于任何特定的原子，我们无法了解上述量子跃迁何时发生，甚至是否一定发生，因为电子也有可能跃迁到另外一个态 C。

你或许会问，概率的本质就是不精确或者不确定，又怎么说是精确的？为了回答这一问题，我们先回到日常世界。当我们扔一枚十分均匀的硬币时，正面出现的概率是 1/2 或 0.5。这就是一个（一枚十分均匀的硬币所具有的）精确的概率，正面出现的机会不是 0.493 或者 0.501，而是精确的 0.500。但是硬币的任何一次投掷结果都是完全不确定的，因此即便结果不确定，概率也可以很精确。

那么硬币自己是否知道它将正面朝上还是反面朝上呢？虽然你不知道，但是投掷硬币时硬币自己也不知道吗？你或许认为硬币像电子一样也不知道。那么，难道投掷硬币不是概率发挥作用的最好证明吗？是（实际上）也不是（理论上）。足球裁判投掷硬币时，并不知道硬币落下时朝上的是正面还是反面，但是硬币知道，也就是说无所不知的科学家在对硬币投掷有了全面的了解（诸如投掷高度、硬币质量、初始速度、转动方向和速率、风速以及空气阻力）之后，从理论上可计算出硬币落下时哪一面朝上。而我们对投掷硬币的了解则只有出于无知的概率。实际上我们只能给出正面或反面的概率（各 50%），但无法预测任何给定的硬币投掷的具体结果，其原因是我们了解得并不充分，计算结果所需的必要细节我们并不知道。电子的量子概率与此不同，它是一种根本性的概率。我们可以了解一个激发态电子的所有信息，但仍然不能预测它何时跃迁到何处。

经典物理是清晰而精确的——在某种意义上讲，各种条件下的所有结果原则上都可以精确计算，只不过需要对所谓的初始条件有足够的了解。我们对太阳系现在的情况已有了充分的了解，可以信心十足地预测出 2050 年 1 月 1 日火星所处的精确位置。假如充分了解今天的空气以及地面上的所有情况，我们甚至可以（原则上）精确计算出下一周的天气。* 量子力学也是清晰而精确的，不过是以不同的方式：在某种程度上，概率也是可以精确计算的，不过由于物理学家只能计算出事件发生的可能性，而不能给出实际上具体发生的情况，所以概率又是模糊而不精确的（或者更应该说是不确定的）。一个电子选择在什么时间发生量子跃迁是无法精确计算的。

假如计算所得的概率是真实而准确的，那么物理学家的测量能够得出什么结果呢？要想测量氢原子中一个电子从状态 A 跃迁到状态 B 的概率，只对单个原子乃至几个原子进行测量是不行的，必须研究大量原子的情况。这些原子初始全都处于态 A，对于那些跃迁到态 B 的原子的平均情况进行观测，这部分原子经过一段时间之后都将衰变（也就是说发生量子跃迁）。测得的时间可能会在很宽的范围内分布，并且可能各不相同，如果实验者有足够的耐心，并能对上百万原子的衰变时间进行测量，他或她就能测出平均衰变时间，我们称之为平均寿命。测量所得的平均寿命可与理论计算所得的平均寿命进行对比，以检验理论的有效性。** 尽管任何单次寿命的测量都有可能与平均寿命相差较大，但经过上百万次测量，实验值和理论值应该接近一致（如果理论是正确的话）。

* 不幸的是，这不大可能实现——不仅仅是因为要想获得今天天气的足够信息非常困难，而且因为，令人惊讶的是，下一周的天气会敏感地受到今天天气中最微小偏差的影响。这种现象被称为混沌，它表明今天的微小变化会导致在下一周产生巨大影响。

** 在数学关系上，平均寿命是衰变概率的倒数。例如，假设计算所得衰变概率是每纳秒 20%（即在任意 1 纳秒内，衰变发生的可能性是 20%）。这一概率可以写作 0.2/ 纳秒，其倒数就是 5 纳秒，这就是理论预期的平均寿命。

同样的道理也可以应用于投掷硬币。为了检验正面出现的概率是否真的是 50%，你同样也需要进行大量的测量。假如你将一枚十分均匀的硬币投掷 10 次，你会发现正面可能只出现 3 次，这并不是说正面出现的可能性就是 30%，而是你投掷的次数还不够多。如果投掷 1 000 次，正面出现的次数还只有 300 次，那你一定会觉得意外了，因为你所期望的是看到正面出现“接近”500 次。不过，如果你投掷 1 000 000 次，就会发现正面出现了 499 655 次，这样你就会乐于相信正面出现的概率是 50% 了。

正如在前一章中所讨论的，当一个原子从一个较高能态跃迁到一个较低能态时，将会发射一个光子，这一发射过程原则上与一个不稳定粒子的衰变没什么差别。与粒子衰变一样，量子跃迁也是一次微型的爆炸。在这一过程中，跃迁“之前”的物质消失，代之以跃迁“之后”的物质。某些物理量，如能量，在这一过程中守恒（在跃迁前后相同），而其他量则基本上都要发生变化，正如我们可以将 π 子和 μ 子衰变表示为：

$$\pi^{+} \to \mu^{+} + \nu_{\mu}$$

及

$$\mu^{+} \to \mathrm{e}^{+} + \bar{\nu}_{\mu} + \nu_{\mathrm{e}}$$

我们也可以将原子从态 A 到态 B 的跃迁表示为：

$$\mathrm{A} \to \mathrm{B} + \gamma$$

（这里 γ 代表一个光子）。

因此一个不稳定粒子的衰变与激发态原子的衰变一样，都受概率的控制。任意一个给定 π 子的衰变时间完全不确定，但是大量 π 子则有平均寿命（如附录 B 表 B.3 所示，其值为 2.6×10^{-8} 秒）。

概率决定着某些事情何时发生以及（如果有不止一种可能）什么事

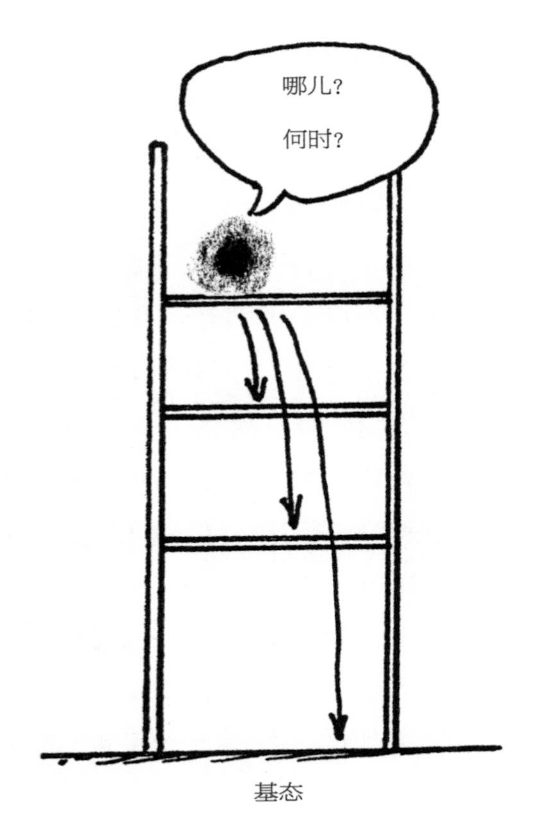

图19　能“梯”

情会发生。在一个原子中，能态（即所谓的定态）可用如图 19 所示的梯子表示，最低的能态标为“基态”，其他各较高能态用梯子的横档表示。设想一个原子发现自己处在第三级横档，再进一步将电子拟人化，我们可以说它有两个选择需要考虑：什么时候衰变以及衰变到哪个更低的能态。衰变到每个可能的较低能态都有一定的衰变概率，但是实际衰变到哪个态以及衰变前需要等待多长时间都是完全无法预测的。

一个 π 介子（以一个粒子为例）也有选项，正如上页公式所示，π 介子衰变成一个 μ 子和一个中微子可能性最大，概率达 99.988%。但是

π 介子偶尔也会衰变成三个粒子，其中包括一个光子：

$$\pi^{+} \rightarrow \mu^{+}+\nu_{\mu}+\gamma$$

或者衰变成一个电子（此例中是一个正电子）和一个中微子：

$$\pi^{+} \rightarrow \mathrm{e}^{+}+\nu_{\mathrm{e}}$$

这些不同衰变模式的相对概率被称为分支比。

自然界的基本过程受概率性的规律，而非确定性的规律支配，这一思想对科学世界的冲击本应像一颗炸弹，毕竟这一思想足以颠覆花费三个世纪才艰苦构建起来的经典物理学的坚固大厦，但是它所产生的后果对于经典结构的打击实际上只算得上是侵蚀而并非摧毁。只有在 20 世纪 20 年代中叶量子力学的数学理论发展起来之后，玻恩才能明确阐明其概率解释。*

早在 1899 年，欧内斯特·卢瑟福以及其他研究放射性现象新发现的研究者就注意到，放射性原子的衰变似乎遵守概率性的规律。与激发态原子或者 π 介子的情况完全相同，有些放射性原子生存的时间很短，而有些则较长，不过各种原子的平均生存时间是不变的。此外，一个单独的放射性原子可能会选择一种方式结束其生命——例如通过发射出一个 α 粒子或者发射出一个 β 粒子的方式。对于任意给定原子，其选择是不可预期的，只能对大量衰变事件进行观测才能测量出相对概率（分支比）。不过卢瑟福和他的合作者们并没有大声疾呼自然界的基本规律一定就是概率性的规律。为什么没有？

答案非常简单，因为他们并没有意识到他们正在处理的就是基本规

* 1924 年，先于玻恩两年，丹麦的尼尔斯·玻尔、荷兰的亨瑞克·克莱默 [Hendrik Kramers] 以及美国的约翰·斯莱特 [John Slater] 曾共同提出，概率可能在量子过程中扮演着一种非常根本的角色。不过他们并没有完备的理论为这一想法提供支持。

律。在科学中，概率并非新颖的概念，新颖之处在于概率首次出现在自然界简单基本的现象中，却还没有被认识到。

无疑卢瑟福也认为他正在处理的是一种出于无知的概率。正如他所知，原子内部是一个非常复杂的空间，因此衰变过程明显的任意性很可能是由于不同原子内状态之间的一些未知差别而造成的。（他还完全不了解原子包含着放射性根源的原子核。）在 20 世纪头 25 年，还有其他一些表明概率性可能是基本性质的线索，但是如此基本的一个概念一直到实验和理论都将它纳入科学之后才被接受。卢瑟福发现（与弗雷德里克 · 索迪 [Frederick Soddy] 一起，1902 年）放射性代表着原子内部的一种巨大突变，而非渐变，这个发现使得放射性嬗变 * 成为一种相当基本的过程。爱因斯坦于 1905 年发现光只能以分立粒子（光子）的形式被吸收，而玻尔 1913 年的氢原子量子跃迁理论也至少提醒我们，概率可能是在一种根本层面上发挥作用，但是物理世界还没有准备去注意这些提醒。

我迄今所描述的概率在亚原子事件的任意性中初见端倪。这一任意性可按照不同的方式体现出来：体现在激发态原子的寿命中或者不稳定的粒子中，体现在各种不同的可能结果的分支比中以及体现在被称为散射的过程中。如果一个粒子接近另一个粒子，前者将会发生偏转或“散射”。量子力学只能计算出某一偏转的概率，而不是某一偏转的确定性质。我们对于粒子相互作用的大量了解都是通过散射实验得到的。

并不是所有人都能很容易地在盖革计数器和弱辐射源上有所收获，尽管这两者在高中和大学的实验室中都已经很常见了。盖革计数器的核心部分是一个内充稀薄气体的金属管，在金属管内沿轴向拉一根金属导

---

* 嬗变就是一种元素变为另外一种元素，这正是中世纪炼金术士的梦想。嬗变可发生于任何核电荷发生变化的放射性转变过程中。

线，在金属管和其中心轴处的金属导线之间施加高电压（数百伏），但要使它恰好不能产生电火花。当一个高能粒子通过金属管时，可将气体分子电离（也就是说从气体分子中撞出电子）使得气体带电从而产生电火花。金属管与导线之间短暂的电流脉冲，通过外电路放大可发出人耳可听见的咔嗒声和/或使得计数器增加一个计数，电路继而在远小于一秒的短暂时间内将火花熄灭，然后金属管为下一个粒子做好准备。（卢瑟福的博士后汉斯·盖革 [Hans Geiger] 在约 1908 年发明了这一检测装置最初的简单形式，随后将它进一步完善。）

为辐射衰变事件计数，是一种直接与基本粒子的概率性建立联系的好途径。如果你把盖革计数器放在一个与辐射源距离合适的地方，每当一个高能粒子穿过计数器时，你都能听到一声咔嗒声，你会立刻发现这些咔嗒声并不像时钟的嘀嗒声那么有规律。它们听起来像是随机的。实际上数学的分析也表明它们确实是随机的。任何一次特定咔嗒声发生的时间都与上一次咔嗒声或者任何其他一次咔嗒声的发生时间完全无关。作为一个正在倾听来自亚原子世界的个体信息的听众，以原子标准来看，你实在是太巨大了。每一个可听到的咔嗒声都意味着，在放射性样本中不计其数的原子里，一个原子核突然决定以高速释放出一个粒子，同时把自己变为一个不同的原子核。* 一次核爆炸就在原子核的私人世界里发生了，爆炸的时间完全受概率性的规律控制。相邻的原子核或许早已发生了爆炸，也或许还将继续生存很长时间。

对于概率性的另外一种证明就不那么明显地能看到或听到了，不过对于有一定数学基础的人来说一样很有说服力，这种方法就是通过指数

* 严格地说，并非你所听到的所有咔嗒声都是由放射性衰变所产生的，有些咔嗒声是由那些偶尔从天上飞下的宇宙射线粒子产生的，且主要是 μ 子。

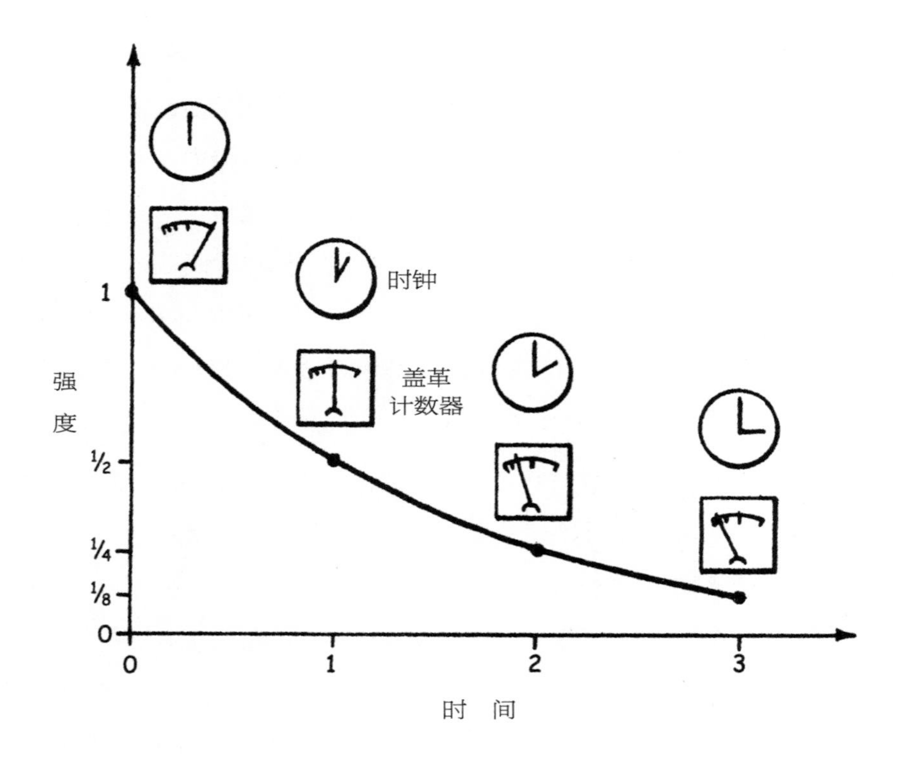

图20 放射性样品的指数衰变

衰减规律去证明。1899 年，卢瑟福还无法观测单个嬗变事件，他用这种方法在放射现象中发现了概率的指数衰减规律。卢瑟福注意到如果把放射强度随时间变化的函数关系图示出来，可得到如图 20 所示的曲线，这种曲线被称为指数曲线。该曲线最显著的特征就是随着水平轴变化固定距离，曲线在垂直方向的相应值也将减半。这意味着在卢瑟福的实验中，要想使辐射强度减半，无论初始强度是多少，都需要某个固定的时间，这一固定时间被称为物质的半衰期。

卢瑟福所了解的以及我必须让读者接受的是，指数曲线是因为单个放射性衰变事件的概率性规律。对于每个单独的原子核，半衰期代表着概率的中点。在比半衰期更短的时间内，原子核发生衰变的可能性是 1/2；在比半衰期更长时间内，原子核发生衰变的可能性也是 1/2。当概率性的规律分别作用于大量全同原子核时，总的放射性衰变率将沿着指数曲线平缓下降。对于粒子，情况也是如此。表 B.1 和表 B.3 给出的每个平均寿命 * 都是通过研究特定粒子的指数衰减曲线测得的。（时间本身虽然并非直接测量，但是可通过测量粒子速度以及运动距离推导得出。）

从已知最短的半衰期到最长的半衰期，跨度之大，无法想象——从小于 10^{-22} 秒到超过 10^{10} 年。不论半衰期是多少，每种不稳定的粒子或者原子核的衰变，都无一例外地遵守指数衰减曲线。

你可以用一个非常好的钟来描绘科学家如何测量从秒到年的半衰期。你还可以猜想一下用现代的计时电路是否有可能测量数百万分之一秒或者数十亿分之一秒的短暂时间间隔。通过使用距离来代替时间，物理学家们可以确定万亿分之一秒（10^{-12} 秒）甚至更短的寿命。在 10^{-12} 秒的时间里，一个以接近光速运动的粒子可运动 1/3 毫米左右的距离（如果考虑相对论的时间膨胀，距离还会更长）。但是对于 10^{-22} 秒这么短的时间，一个粒子只能移动比一个原子的尺度还短的距离，那么科学家们又是如何测量这么短的半衰期的呢？又或者说科学家们是如何测量比宇宙大爆炸时间还要长的半衰期的呢？对于第二个问题（如何测量非常长的寿命）的回答可以更为直接，其测量依赖于概率的作用。设想你有一个放射性原子，它的平均寿命是十亿年，这意味着在一年的时间里该原子有十亿

---

* 一般而言，平均寿命与半衰期并不相同。例如，2005 年美国人（男女综合）的平均寿命预期为 78 岁，而半衰期为 81 年。这就意味着一个美国人直到 81 岁才比他或她的同龄人中的一半人更长寿。另一方面，在粒子世界中，“死亡”的概率对任何年龄都是相同的，半衰期远小于平均寿命（0.693 是联系此二者的精确因子）。一个平均寿命为 15 分钟的中子，大约 10 分钟后就已经比与它同时产生的一半中子更长寿了。

分之一的衰变可能。如果你有十亿个这样的原子，那么平均每年会有一个原子发生衰变；如果有 3 650 亿个这样的原子，那就平均每天都会有一个原子发生衰变。但是 3 650 亿是一个很小的原子数量。实际上，一个放射性样本所包含的原子要多得多，即便是平均寿命为十亿年的原子，每秒都会有很多发生衰变。正是由于原子每时每刻都要受到概率的控制，所以测量很长的半衰期很容易，这些原子中只有一少部分会等到真正苍老之时才发生衰变。

测量极短半衰期则需要利用量子力学中另外一个完全不同的特征：不确定性原理。一个粒子的寿命越短，其能量的不确定度就越大。能量的不确定度给出能量的可测“展宽”，寿命可以从测量得到的能量展宽推导出来。

核废料似乎是一个离量子原理很远的问题，但实际上它是与量子跃迁和概率性直接相关的公众健康问题。在所谓的“乏燃料”中含有大量的放射性同位素，其半衰期从数秒到数千年。这些放射性同位素都有自己的指数衰减曲线。总体而言，混合物的放射性刚开始减小得非常迅速，之后减小的速度则会较慢。从不安全材料变得安全并没有特定的时间，从有害到少害是一个渐变的过程。由于放射性来源于原子核，所以任何化学或物理处理都无济于事。不论好坏，放射性就在那里，我们必须应付它。有些人建议将放射性废料装进火箭发射到太空，让核废料落到太阳上，但是巨大的花费以及更具危险的发射使得这一建议并不具可操作性。未来的另一种可能性——或许有一天能实现——是将有害材料放入一个焚化炉进行“加工”，这种焚化炉由于使用核能而不是化学反应，因而可炙热到将材料瓦解成无害形式。不过目前看来，放射性材料还是得通过与人类环境隔离的方式在地球上储存几个世纪。

有一种特别有趣的量子跃迁，是从一个“不可透过”的势垒的一端跃迁到另一端，这种现象被称为隧穿效应。与其他量子跃迁相同的是，隧穿效应也受概率性规律支配。假如一个粒子停留在一堵墙的一边，根据经典物理，它根本不可能穿墙而过，但是根据量子物理，它有一定的微小可能性会穿过墙壁在另一边出现。正如我在第 3 章中所提及的，原子核的 α 衰变可被解释为隧穿现象。α 粒子在静电力这堵墙的作用下停留在原子核内，按照经典物理，它是不可能突破这一壁垒而出现在核外的，但是实际上它会有一定微小的概率突然出现在核外并且飞走，之后会被某人的粒子探测器记录到。

隧穿效应通常发生的概率非常小。在原子核内，一个 α 粒子可能每秒会"敲门" 10^{20} 次并逃出，也有可能要在几百万年后才逃出。在我们人类尺度的世界中，隧穿的概率太小了。典狱官不必担心罪犯学会穿墙而过后，突然出现在监狱大墙的另一侧而逃跑。乏味讲堂里的学生也没有希望突然出现在讲堂外边的休息室中。隧穿效应能帮助粒子从原子核的牢笼束缚中逃脱出来，但却永远无法帮你从你所在的地方逃离。

不过近几十年来，科学家们已经掌握了如何在工程中应用隧穿效应。假如有两种材料只是静电势有微小的不同（通常少于 1 伏特），将它们靠近放置，其中一块材料中的电子就有可能穿过它们之间的气体而"隧穿"，尽管经典物理认为电子不可能从一块材料进入另一块材料。这项技术的一种完美应用就是扫描隧道显微镜（STM），是由 IBM 公司苏黎世研究实验室的格德 · 宾宁 [Gerd Binnig] 和海因里希 · 罗勒 [Heinrich Rohrer] 进一步完善的——他们也因这一成就而分享了 1986 年的诺贝尔奖。

STM 并非通常意义上的显微镜，但是由于它能产生固体表面图像从而揭示单个原子的位置，所以它的命名仍然是十分恰当的。待测表面被放置在一枚十分精细的金属探针附近，该金属探针可在表面上方

左为海因里希·罗勒 [Heinrich Rohrer]（生于1933年），右为格德·宾宁 [Gerd Binnig]（生于1947年），中间为他们的首台扫描隧道显微镜（STM）。承蒙IBM公司苏黎世研究实验室许可使用照片

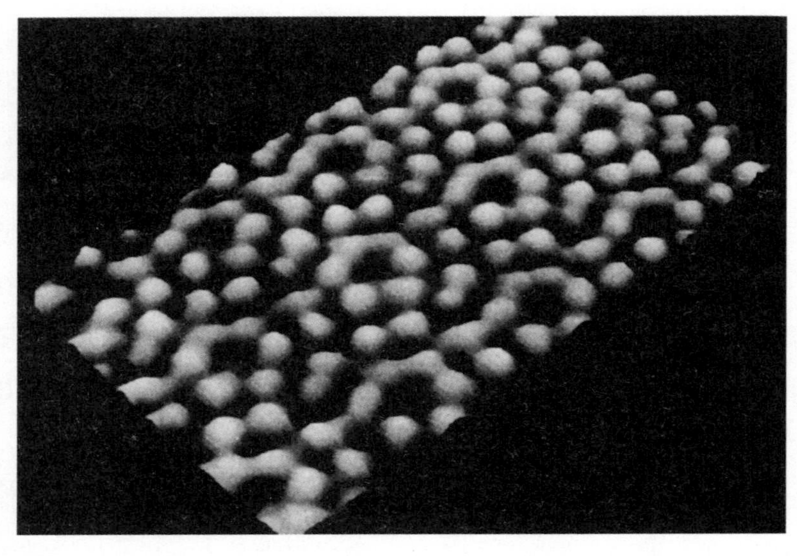

硅表面的STM图像显示出一个个原子。承蒙IBM公司苏黎世研究实验室许可使用照片

来回移动（即所谓的“扫描”），也可上下移动（也就是靠近或离开表面）——在难以置信的精确控制下。探针与表面之间的距离小于1纳米（10^{-9}米，小于10个原子的直径）。在这样小的距离内，电子可从表面隧穿至探针上，并因此形成弱电流而被记录到。由于待测表面分布着许多原子，并非完全的平面，所以当探针在表面上方侧向移动时，从表面到探针的距离也随之变化。若距离略微增大，则隧穿电流减小；若距离略微减小，则隧穿电流随之增大。为了使这一装置具有显微镜的功能，反馈电路控制水平扫描的探针在表面上方缓慢地上下移动，通过这种方式保持恒定的隧穿电流，也就是让探针与表面之间的距离保持恒定。因此，记录所得的探针上下移动可转换为表面凹凸不平的图像。这种图像精确到误差小于单个原子直径，约为1纳米的1/10（10^{-10}米）。

隧穿效应的其他工程应用还有隧道二极管。二极管是一种使电流只能沿一个方向流动的装置，很像是地铁中或动物园里的旋转栅门，让你无法反向通过。二极管是常用的电路器件，通常由两块相连的半导体组成。根据经典计算，如果选择合适的材料，并在两块半导体之间加以合适的电压，电流可被完全截止。但是如果两种材料间的界面层足够薄，有些电子就能隧穿通过。隧道二极管由于具有一种被称为负电阻的令人感兴趣的性质而被广泛使用。这意味着在一定的电压范围内，电压越大则电流越小，与通常的情况正好相反。

无论量子跃迁何时发生，它都是“衰减”的，也就是说，总是从更高质量的状态到更低质量的状态。这一衰减原则正是粒子衰变的证据——例如，Λ粒子衰变为一个质子和一个负 π 介子，可表示为：

$$\Lambda^0 \rightarrow p^+ + \pi^-$$

从表 B.3 中，可得

衰变前质量 = 1 116 兆电子伏特；

衰变后质量 = 938.3 兆电子伏特 + 139.6 兆电子伏特

= 1 077.9 兆电子伏特

质量减少大约 38 兆电子伏特，即 3%。对于一个中性 π 介子衰变成两个光子的过程，由于衰变产物无质量，所以质量减小 100%。尽管氢原子从高能态到低能态的量子跃迁过程质量衰减的百分比微乎其微，但衰减原则对这一过程仍然适用。当氢原子中的电子从初始的激发态跃迁到基态时，原子的质量损失约为 10 电子伏特，这只是原子质量的一亿分之一。质量变化如此之小，以至于从未直接测量到。在相对论和量子力学建立之前，也不曾有这方面的猜测。不过科学家们已经测量到了许多因量子跃迁导致的其他质量改变，其中就包括放射性衰变过程中的质量改变。毫无疑问，衰减原则对原子也是适用的。

为什么会有衰减原则？想象一下当你在山坡上滑雪时，你自然地只能向下滑行（如果不加任何能量的话），你也服从“衰减原则”。能量守恒会阻止你轻松地沿斜面向上滑行，就如同阻止放射性粒子变成具有更大质量的衰变产物一样。对于一个放射性粒子，当它单独静止时，衰变前后的总能量与其质量能相等。这些能量中的一部分会变成产物粒子的质量，还有一部分变成产物粒子的动能，这意味着产物粒子不可能具有比其亲辈粒子更大的质量——实际上总是更少。

你或许会认为如果放射性粒子是运动的，那么动能的一部分会转化成质量，从而使得“增益”衰变成为可能。但实际上这是不可能的，可通过相对论进行解释。以运动的放射性粒子为参考系，在该参考系里，粒子是静止的，衰减原则是适用的。假如在运动参考系内，产物粒子的总质量小于亲辈粒子的质量，那么它们在任何参考系内的总质量都小于亲辈粒子质量，粒子质量不随参考系的变化而改变。*

我们暂时回到在山坡上滑雪的设想中。实际上你确实可以实现向上滑，你可以乘滑雪缆车或者向上攀登，将你体内的部分化学能转化为势能。一个粒子，如果以某种方式被供给能量，也能实现能量“增益”。这正是加速器中所发生的过程，粒子可以与其他粒子碰撞，从而使得动能部分转化成质量能成为可能。因此衰减原则只适用于自发衰变过程。

本章我主要讨论量子跃迁及它们所遵守的概率性规律。不过在亚原子领域中并非一切都是不确定的和概率性的。稳定系统的许多性质——电子自旋、质子质量等——都是确定的，但是原子、原子核以及粒子所发生的许多过程则是概率性的。我们必然会问：如果在小尺度世界中所发生的大部分事情都要遵守概率性的规律，那么在大尺度世界中为什么不会出现相同的情况呢？毕竟大尺度世界是由大量小尺度世界的物质组成的，本应该遵守相同的规律。（正如前面所提到的，我们常在大尺度世界中计算概率，但总是在缺少足够信息的情况下进行的——那是一种出于无知的概率，并非根本性的概率。）我们在所见的日常世界中看不到根本性概率有两个原因。一是因为当足够多单独的概率性事件积聚起来时，其结果会平滑地发生可预期的变化，在放射性现象中就是这样，单个原子核的随机衰变联合起来会产生平滑的指数衰减。另外一个原因则是，当根本性概率被外推至大尺度世界时，通常会趋近于 0 或者 1。你穿过一面砖墙的量子力学隧穿概率几乎为 0（但并不完全等于 0）。投掷出去的棒球将沿平滑的路线飞行，而非曲曲折折不可预期，其概率接近 1，也就是说 100%（但并非完全的 100%）。

最后，还有一个更深层次的问题：量子力学的概率性规律是否真的是根本规律？抑或它们是由于某些未知条件而产生的概率性，只是化装

---

* 在这一讨论中，质量是指静质量，它是一个不变量，也就是说是与参考系无关的量。

成了根本性规律？无人知晓，不过量子概率是根本性规律的思想，已经存在超过 80 年了，并将继续存在下去。有一个论据简单而直接，即它在发挥作用。而另一个论据则相对间接，需要用到我在前一章讨论的思想——电子是比滚珠轴承更简单的物体，它不会有尚未发现的更深层次。当一个电子发生量子跃迁时，如果控制时间的概率是一种出于无知的概率，这将意味着电子有许多我们不知道的性质，这些决定着跃迁时间的隐藏性质是我们科学家也没能充分了解的，这些性质足以预测跃迁时间。就像轮盘赌上的钢珠，我们无法预测出钢珠将落到哪个狭槽的原因是，我们不了解钢珠和轮盘的许多详细性质，而这些性质决定着钢珠最终静止在哪里。如果我们能够了解所有这些性质，并能通过大量计算得出它的运动状况，就能预测到钢珠停止的位置。我们还没有证据表明电子具有大量未知性质，但却有充足的证据表明这些未知性质并不存在，因此，我们说量子概率是根本性的。

不过许多科学家对于量子概率仍然感到不舒服，认为它使得量子力学神秘莫测，与我们的常识相悖，并且与某些哲学观点相冲突。爱因斯坦被公认为 20 世纪最伟大的物理学家——颇具讽刺地成为了量子理论的奠基者之一——他从来都不喜欢量子概率，还常说他不相信上帝会掷骰子。1953 年他曾写下：“在我看来，以这样一种理论形式出现的基本物理远不能令人满意，放弃了客观描述的可能性……必然会使人们认识物理世界的图像陷入一片迷雾。”* 另外一句爱因斯坦的名言镌刻在普林斯顿大学数学系大楼内的石碑上，当年爱因斯坦曾在这座教学楼里办公，上面写着：“上帝是精明的，但绝无恶意。”爱因斯坦接受上帝的精明：自

* 爱因斯坦，《量子力学基础解释的初步思考》[德文]，寄给马克斯·玻恩的科学论文（纽约：哈夫纳 [Hafner]，1953 年），第 40 页。

“上帝是精明的，但绝无恶意。”爱因斯坦的这句名言镌刻在普林斯顿大学琼斯楼 [Jones Hall]（旧称范因楼 [Fine Hall]）壁炉的上方。承蒙丹尼斯 · 爱伯怀特 [Denise Applewhite] 许可使用照片

然界的规律并不一目了然，他曾经说，需要历尽艰辛才能找到这些规律，但是宇宙的伟大设计者不会心存恶意地将不可预知性安置在最根本的规律中。*

假如有一天能够发现量子不可预知性的其中一个理由，迷雾就将消散。

* 通常认为爱因斯坦并不一定真的信奉上帝，尽管他常会间接提到“上帝”或者“上天”。

群居粒子和反群居粒子

说玻色子是“群居”的是什么意思?

两颗通信卫星沿着赤道上方相同的圆轨道运行，但相距数千英里。它们的运动状态相同吗？为什么？

如果假设没有不相容原理,周期表中是否会有“周期”?

如果假设电子没有自旋，为什么氦将是化学活性元素而不是惰性元素？

……

在吉尔伯特 [Gilbert] 与沙利文 [Sullivan] 的歌剧《艾俄兰斯》（*Iolanthe*）中，普莱威特·维尔利斯 [Private Willis] 夜晚站岗时（以歌声）沉思：

我常认为那有些滑稽，

自然界总在做着怎样的设计。

所有那些男孩和女孩，

生于斯，长于斯。

要么有些奔放自由，

要么有点固执保守！

粒子也被自然界设计得几乎别无选择：

我总是感到非常奇怪，

（如果我有不妥请阻止我）

所有物理实体——

原子、夸克或巨大的真子*——

都必须要么是群居玻色子，

要么是反群居的费米子！**

所有粒子——实际上还包括所有由粒子组成的实体，如原子或分

* 真子英文为 geon，g 指 gravity（引力），e 指 electromagnetism（电磁），on 是代表粒子的后缀，合起来为“引力电磁子”。简洁起见，此处采用田松教授的译法。——译者注

** 感谢亚当·福特提供了作诗的灵感。

子——都要么是玻色子要么是费米子。* 早前我向你介绍了每种类型中的一些粒子。夸克和轻子（包括最普遍存在的轻子——电子）都是费米子，光子和胶子以及其他载力子都是玻色子。还有许多分别由玻色子和费米子组成的复合粒子，例如，质子和中子都是费米子，π 介子和 K 介子都是玻色子。你看出这里的规则了吗？由奇数个夸克组成的粒子都是费米子，由偶数个夸克（或者夸克 – 反夸克对）组成的粒子都是玻色子。更普遍的原则是：奇数个费米子所组成的仍然是费米子，偶数个费米子以及任意数目的玻色子 ** 组成的则是玻色子。这听起来似乎有些复杂，不过这里有个简单的方法去思考这个问题。设想将每个费米子标记上负号，并将每个玻色子标记为正号。那么将负号使用奇数次，你仍得到负的；若将负号使用偶数次，你将得到正的。对于正号，无论你使用多少次，得到的结果都是正的。

提一个问题：对于钠 –23，其原子核内含有 11 个质子和 12 个中子，它是玻色子还是费米子？你或许会认为它是费米子，因为它的核内包含 23 个费米子——奇数个费米子。如果你数夸克——每个质子 3 个夸克，每个中子 3 个夸克——核内一共 69 个费米子，仍然是奇数个。等等，别忘了核外还有 11 个电子，所以夸克加上电子一共是 80 个，是偶数。（或者质子、中子和电子加起来，一共是 34 个，也是偶数。）所以钠 –23 是个玻色子。

玻色子和费米子的很多性质是很难分出彼此的。例如，它们都可以是基本粒子，也都可以是复合粒子；它们都可以是带电（正或负）的或

---

* 诗中引用的真子是一种假想物质，由大量光子紧密结合而成，这些光子在它们自身的强引力下围绕着一个共同的点转动。没错，光子是彼此吸引的，所有能量聚合体无论有无质量，都将向外施加并也将受到引力作用。

** 尽管一对彼此“纠缠”的光子（见第 10 章）可被视为一种单独的实体，但目前仍尚未发现由基本玻色子组成的其他复合结构。不过由复合玻色子组成的复合结构是有例子的，比如组成一个分子的原子全都是玻色子，那么这个分子整体也是一个玻色子。

电中性的；它们都可以是强相互作用的或是弱相互作用的；它们的质量范围都很大，甚至可以是零质量（至少光子是）。但是它们的自旋不同：玻色子具有整数自旋（0、1、2 等），而费米子具有半奇数自旋（1/2、3/2、5/2 等）。

不过它们最大的不同在于，当两个或者更多粒子共同存在时，玻色子和费米子具有不同的性质。费米子是“反群居”的，它们遵守泡利不相容原理，即不能有两个或两个以上相同的费米子（例如两个电子）同时处在完全相同的运动状态。而玻色子则是“群居”的。两个相同的玻色子不但可以同时处在完全相同的运动状态，而且它们还非常喜欢这样（需要再次强调的是这只是数学上的表现）。

为什么这两类粒子要通过群居或反群居的“本性”来进行区分呢？其原因基于量子力学微妙却又相对简单的特点，我将在本章的最后对此进行讨论，那是量子力学的特有性质——在经典物理中绝无相同甚至相似的性质，但这种性质在我们所居住的大尺度世界中产生了最深远的影响。

费米子

1925 年，25 岁的沃尔夫冈 · 泡利提出了不相容原理。泡利是奥地利人，在德国接受教育，后定居于瑞士，此外还在美国生活了很长时间。他早期的工作显赫一时。1921 年，他在慕尼黑大学取得了博士学位，并出版了一部概述相对论的权威著作，泡利在相对论方面的深刻理解连爱因斯坦都叹为观止。1926 年，也就是提出不相容原理一年之后，他率先将沃尔纳 · 海森堡最新的量子理论应用于原子。1930 年他提出了中微子的概念，那时他才刚 30 岁，但已成为苏黎世大学的一名教授。后来，泡利又因能够对发表研究成果的物理学家们提出犀利的批评而名声大噪，他总是坐在第一排，一边听着报告，一边板着脸摇头。我与泡利是通过德国的一个年轻研究者小组间接相识的。我于 1955—1956 年在那里工作，这个小组常与泡利通信，将他们在粒子物理方面的最新思路发给泡利。而泡利对这些信件的第一反应总是相同的："Alles Quatsch [完全是胡说]"。在第二轮通信之后，他才会承认他们的想法或许有点意义，到了第三轮，他才会祝贺这些年轻人所具有的见识。

在物理学家们为量子力学感到困惑而备受挫折十多年之后，泡利明确阐述了不相容原理。自从 1913 年，27 岁的尼尔斯 · 玻尔提出了氢原子的量子理论，物理学家们了解到普朗克常数 h 在原子中扮演着根本性的角色，他们假设玻尔的这一思想——电子占据定态，并可在这些定态间发生量子跃迁，跃迁的同时发射或者吸收光子——应该对于所有原子都是正确的。不过真正量子理论的最终建立，则是在 1925 年由沃尔纳 · 海森堡（时年 23 岁）和 1926 年由欧文 · 薛定谔（时年 38 岁）完成的，而泡利的不相容原理则成为开启这一革命的重要组成部分。

在讨论不相容原理之前，我需要对运动状态和量子数进行定义。一个电子处在某一运动状态的含义或者说电子具有某一量子数的含义是什么？

一辆沿笔直公路向西匀速行驶的汽车可被认为处于某一运动状态，这个"状态"并不是指车在哪里，而是指车如何运动——以什么速度、沿什么方向。在同一高速公路上以相同速度沿相同方向运动的另外一辆车与第一辆车处于相同的运动状态——即便它们可能离得很远。再举一个汽车的例子，印第安纳波利斯的一辆赛车沿着赛道快速行驶，每一圈都在相同的道路上不停地变化速度和加速度，这辆车处于某个运动状态。假如两辆车有相同的速度和加速度形式，那么不论它们离得有多远，它们都处于相同的运动状态。绕地飞行的卫星的运动状态并不是按照某一时刻所处的位置来定义的，而是通过其能量和角动量来定义的。另外一个沿着长而扁的椭圆轨道运行的卫星有可能具有与第一个卫星相同的能量，但角动量较小，这是不同的运动状态。因此，一个物体的运动状态，是与其运动整体情况而非运动某一特殊方面有关的“综合性”的性质。

对于原子内的一个电子，物理学家无法追踪其运动的细节，因为自然界不允许。唯一的可用信息就是综合信息，就像印第安纳波利斯的那辆赛车，开得太快，你除了模糊一片什么也搞不清楚，你只知道这辆车在赛道里以某一平均速度运动，但是你不知道任一时刻它所处的位置。原子内处于一个运动状态的电子同样也是一片模糊，以某一概率处在一个地方，以另一概率处在另一个地方。

不过并非电子的所有信息都如此模糊不清，它具有确定的能量、确定的角动量以及确定的轨道运动轴线指向，这使进一步通过一些数去定义状态成为可能——一个表示状态特定能量的数、一个表示状态角动量的数以及一个表示角动量取向的数。由于这三个物理量是量子化的，也就是说它们只能取某些分立的值，所以表征状态的这些数也都是量子化的。因此，这些数被称为量子数。例如，主量子数 n，它等于 1 就表示最低的能态，如果等于 2 则表示下一能态，依此类推。主量子数可指出状态在允许能级中所处的位置。角动量量子数 l，以 $\hbar$ 为单位，可以为零或任意正整数。最后，取向量子数 m，可取从 $-l$ 到 l 之间的正负值。

玻尔只解决了量子数 n。数年后，物理学家们得出结论：充分描述一个电子的运动状态需要上述的三个量子数：n、l 和 m。他们还总结出原子内电子占据“壳层”并不是都集中占据最低能态。这一结论可用于解释周期表。对于第一壳层，只能容纳两个电子，下一壳层则可容纳八个电子，再下一壳层也是容纳八个电子。但是为什么是这些数值并没有清晰的理由——直到泡利出现。他做了两大贡献：首先他提出，不相容原理只能允许不超过一个电子占据给定的运动状态；第二，他提出电子应该具有一个额外的自由度，用第四个量子数来表示，并且只能取两个可能的值（方便起见，只能取 +1/2 和 –1/2）。

由于一个运动状态可以用一个量子数集进行表示，所以泡利不相容原理还可表述为原子中的每个电子都有一组不同的量子数集。（这正是泡利所提出的说法。）这一原理使泡利可以解释为什么第一壳层只能容纳两个电子，而第二壳层可以容纳八个电子。最低壳层的两个电子都具有量子数 $n=1$，$l=0$ 和 $m=0$，但是这两个电子的第四个量子数取值相反，一个是 +1/2，另一个是 –1/2。第二壳层，$n=2$，包括两个电子的组合和另外六个电子的组合——总共八个。其中两个电子有 $l=0$，$m=0$，并分别有 +1/2 和 –1/2 的泡利新量子数。另外六个电子则有 $l=1$ 以及三个 m 值（–1、0 和 +1）和新量子数的两个值。如果没有第四个量子数，不相容原理所给出的头两个壳层所容纳的电子数分别为 1 和 4，而不是 2 和 8。泡利的新量子数则恰好提供了 2 倍修正。看起来化学和物理正在融合，因为用单个电子量子数就可说明周期表——这确实是一个令人兴奋的进展。*

要不是荷兰的两位年轻学者，萨缪尔·古兹米特（22 岁）和乔治·乌伦贝克（24 岁），** 揭示了第四个量子数的含义，泡利的不相容原理恐怕就没那么顺利提出了。这两位年轻人提出，电子具有自旋，自旋取值为 $(1/2)\hbar$。泡利的双值量子数只是反映了这一自旋取值的两个可

---

* 考虑了电子自旋的泡利不相容原理，最简单的应用就是预言前三个壳层的电子占据数应该分别是 2、8 和 18，而不是观察到的 2、8 和 8（第四壳层才为 18）。要理解这一区别并不难，并且根据泡利的思想也不需要做什么改变。只需要注意不同环境中不同电子的运动，有些接近原子核的电子会感受到完全的核力，而还有些电子远离原子核，则会被内壳层的电子部分“屏蔽”。其结果就是导致用以说明周期表的能级图发生“扭曲”。

** 古兹米特和乌伦贝克后来都去了美国，乌伦贝克在洛克菲勒大学和密歇根大学获得了教授职位。古兹米特则成为美国最著名的物理学刊物《物理学评论》[*Physical Review*] 的编辑，第二次世界大战在欧洲结束之前，他领导了阿尔索斯计划 [Alsos mission]，这一计划的任务就是获取德国科学家在原子弹领域的最新进展。

左为乔治·乌伦贝克 [George Uhlenbeck]（1900—1988），右为萨缪尔·古兹米特 [Samuel Goudsmit]（1902—1978），中间为他们的教授亨瑞克·克莱默 [Hendrik Kramers]（1894—1952）。约1928年摄于密歇根州安阿伯的暑期学校，承蒙美国物理联合会塞格雷视觉档案室许可使用照片，古兹米特收藏

能取向，可以指向“上”或者“下”。自旋的发现很快就被接受了。它揭示了第四个量子数具有两个取值的原因，并且解释了为什么在普通原子中，状态的能量并不依赖于第四个量子数的取值。改变电子自旋的取向并不影响电子的能量，这只是针对“普通”原子。如果原子处于磁场中，情况就不同了，此时能量的确显示出对自旋取向的依赖。对磁场中原子发射光谱的分析给出了一个自旋电子的图样，当电子自旋从指向“上”变为指向“下”时，其能量将会发生轻微的改变。

1926年，与不相容原理接踵而来的是电子自旋的发现以及量子力学的新理论。意大利的恩瑞克·费米以及英国的保罗·狄拉克（都是在25岁左右的年龄）分别独立地对泡利的工作进行了概括总结。他们对粒子——电子或其他类型粒子——“统计”是否遵守不相容原理进行了考察，也就是说不论是在原子内还是在其他任何环境内，两个或两个以上的粒子同时存在时的行为他们都进行了考察，他们发现了我们现在称为费米–狄拉克统计的重要成果，他们所研究的粒子我们现在称为费米子。后来泡利从数学上提出，凡是具有半奇数自旋（1/2、3/2、5/2等）的粒子都是费米子。

设想这样一个世界，其中的电子不遵守不相容原理，你可以确信这只是想象的世界，因为在这个世界中，没有生物，只有最枯燥的化学。周期表中头两个元素——氢和氦与我们实际世界中非常相似，但是第三号元素锂将会比氦更稳定，从而更缺少化学活性。锂原子中三个电子将全部处于相同的最低能态（$n=1$）；而在真实的锂原子中，第三个电子则必须占据更高的能级，这一排布将使锂原子具有更活跃的化学性质。周期表中所有元素的原子内部，电子都会挤在第一壳层，每种元素与前一号元素相比都更具有惰性。

现在来设想另外一个世界，在这一世界中电子遵守不相容原理但无自旋，这或许是一个令人感兴趣而多彩的世界，但是它与我们所习以为常的世界仍然大相径庭。在这个世界里，头几个电子壳层所能容纳的电子数分别是1、4、4，第二号元素氦的第一壳层中将只有一个电子，其他电子则将处于更高能态，因而这一世界里的氦，与我们所知的惰性气体性质（亦即不与其他元素发生化合反应）不同，将具有活跃的化学活性，而第五号元素硼将成为周期表中第一个惰性气体。在这个假想的世界里，元素周期表的周期将是我们世界的两倍。谁会知道在这个世界里

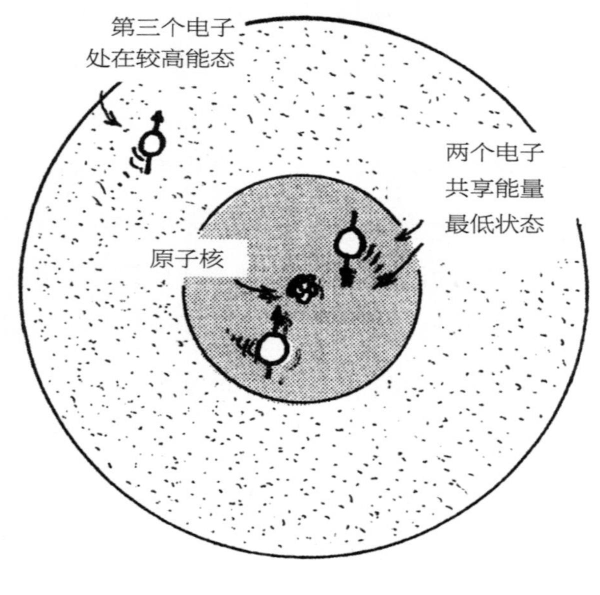

图21　锂原子

将会有什么奇妙的化学结果出现呢？

我讲这两个假想的世界只是想强调，电子具有自旋和遵守不相容原理有多么重要（和奇妙）。可以说，在物理学中没有什么能比那几个描述原子内部运动状态的量子数与全部化学性质以及源于周期表的生命之间的联系更神奇的了。孕育生命的氧原子的性质，就是由于每个氧原子内的八个电子，都是按照一定方式排列其轨道和自旋角动量，以确保不会有两个电子占据完全相同的运动状态。作为生命物质的支柱，碳原子由于可容纳八个电子的第二壳层只有四个电子，恰好是半满，从而可以通过共享电子与大量其他原子结合在一起。而碳原子第二壳层所容纳的电子数为八，正是所有轨道角动量为 0 或 1 个单位、自旋角动量为 1/2 单位的电子（或者说任何费米子）不会出现量子数重复就能排布的电子数目。

令人惊奇的是周期表从遵守不相容原理的自旋电子这里找到了解释。

泡利不相容原理不仅仅在原子内部发挥着非常实际的作用，在原子核内、在金属中，它同样也发挥着重要作用。原子核内的中子和质子都是费米子，它们必须避免同时占据完全相同的运动状态；在金属中，大量电子分布在很长的距离内，但每两个电子仍要避免占据任何完全相同的能态。

原子核

在原子核内，两个质子不能有完全相同的量子数集，两个中子也是这样，但是这并不禁止一个质子和一个中子占据相同的运动状态。泡利不相容原理只应用于相同费米子，原子核内的情况有点类似于男女同校，男孩之间彼此互相排斥，但并不介意与女孩一起学习，而女孩之间也互相排斥，但同样也不介意与男孩一起学习。不相容原理有助于解释为什么点燃太阳和其他恒星的聚变过程释放出那么多能量，氢聚变后产生的氦 –4 原子核特别稳定，在其内部两个中子和两个质子都占据最低能态——它们都在第一壳层，这四个粒子一起跃迁到原子核内的最低能态时，释放出了大量能量，因此太阳闪闪发光。

直到 1948 年，物理学家们才意识到原子核内也存在着原子内部的那种壳层结构，他们曾经假设原子核内的质子和中子就像液体内的分子一样，手挽手挤成一圈，而非行星那样作轨道运动。有趣的是，根据原子核的这种液滴模型足以提出一种核裂变理论——甚至可以预测出尚未发现的钚 –239 与铀 –235 一样，在慢中子作用下很容易发生裂变。但是很快，填充给定能级的中子或质子数量逐渐为闭壳层积累了各种证据，且要求有其他核内粒子占据更高的能态。由于这些闭壳层的数量最初相当神秘，因而被称为幻数（可能是由普林斯顿大学的物理学家尤金·维

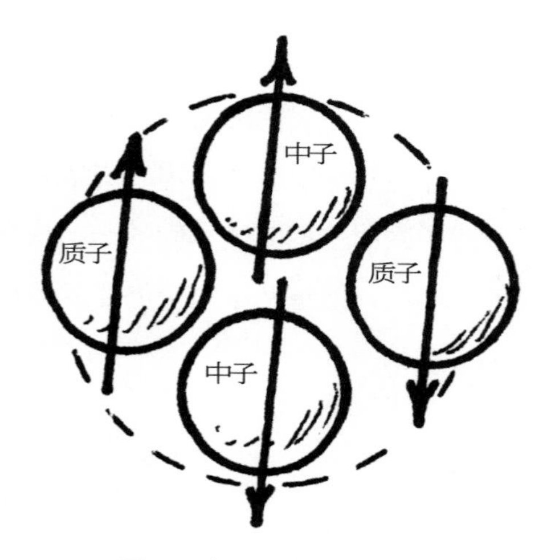

图22　氦原子的原子核

格纳 [Eugene Wigner] 命名的）。美国芝加哥大学的玛丽亚 · 梅耶 [Maria Mayer]* 和德国海德堡的汉斯 · 杰森 [Hans Jensen] 分别独立地发展了原子核的壳层理论，该理论认识到虽然原子核具有某些类似液体的性质，但原子核同时也显示出内部存在着作轨道运动的费米子的证据，且这些费米子都严格遵守不相容原理。

有两个（闭壳层）幻数分别为 82 和 126，恰好铅 –208 的原子核包含 82 个质子和 126 个中子，具有双幻数，并且因此而导致该原子特别稳定，比最重的稳定（无放射性）原子核只少一个粒子。最重的稳定原子核是铋 –209，包含 83 个质子和 126 个中子，所有比它更重的原子核都是放射性的，目前物理学家们正在寻找更重的元素，以期证明在 114 个

* 很多年来，玛丽亚 · 梅耶都不得不安于较低级别的教学和研究工作，而她的化学家丈夫约瑟夫 · 梅耶 [Joseph Mayer] 则沉浸在专业研究的乐趣中。我在 20 世纪 50 年代曾经为讨论核物理研究而拜访玛丽亚 · 梅耶，那时她有两份兼职，一份是在阿贡国家实验室，另一份则是在芝加哥大学。最终，她和她的丈夫都成为了加州大学圣迭戈分校的教授。她还于 1963 年获得了诺贝尔奖。

质子的情况下，存在一个“稳定孤岛”（实际上应该称为“并非特别不稳定的岛”），这一期望基于原子核内的能级理论。实际上，在这些非常重的元素中，114 号元素（尚未命名）有寿命最长的同位素，大约可达 30 秒，这表明泡利不相容原理仍在发挥作用，使得具有这一质子数的情况产生了不寻常的稳定性。（作为比较，112 号元素的同位素寿命小于 1 毫秒。）负责发现所有这些非常重的元素的是分别位于俄罗斯的杜布纳、德国的达姆施塔特、加州的伯克利的三家实验室。* 目前最重的元素是 118 号元素，而且对最重元素的寻找一直在进行中。**

“壳层”用于描述一系列能量接近的运动状态不是非常好，因为一个给定能态的电子或质子、中子并非是在一个薄壳中分布，粒子的概率云分布于较大的空间，不同壳层之间互相重叠，甚至共享某些空间。给定运动状态的能量和角动量是定义清晰的，但粒子的位置却不是，对于原子核内拥挤的核子们尤其如此。

使用多层公寓房的形象化模型或许要比壳层结构的描述更理想，在这一公寓中每层的占据数都有限制（像宾馆和其他公共空间中的符号标志一样，设想一些用于标明最大占据的符号）。公寓内的居民都是好的费米子，严格遵守占位限制。此外，作为费米子，它们在夏天和冬天的行为将会有所不同。在最冷的天气下，它们会尽可能地挤到最低的楼层，而不会主动去更高的楼层，只有当低楼层被占满的情况下，才会被迫去更高的楼层。而在炎热的夏季，情况就完全相反了，尽管占据较低楼层

---

* 在杜布纳和达姆施塔特发现的新元素被分别命名为三个重元素，即𨧀 [dubnium]（105）、𫟼 [darmstadtium]（110）和𨭆 [hassium]（108）。（𨭆是德国达姆施塔特所处州的拉丁名黑森 [Hesse] 的音译。）此外还有四个以上的元素名字用以标记早期由加州伯克利的研究者发现的元素：锫 [berkelium]（97）、锎 [californium]（98）、铹 [lawrencium]（103）以及𬭳 [seaborgium]（106），后两个元素名字是为了纪念欧内斯特・O. 劳伦斯 [Ernest O. Lawrence] 和格雷恩・T. 斯伯格 [Glenn T. Seaborg]。

** 2002 年一个科研小组宣称发现了 116 和 118 号元素，但随后由于发现某些支持性数据是捏造的而撤回了这一研究结论——这在物理学研究中是非常令人遗憾也很少见的现象，但也并非绝无仅有。此后不久，杜布纳的科研人员在伯克利的同事们的帮助下为 116 和 118 号元素的存在提供了可信的证据。

仍是一种通性，但是有些成员会在较低楼层还未占满的情况下就去寻找较高楼层。假如公寓的居民们选择遵守费米–狄拉克统计，我们物理学家就能准确预测出每个季节在各楼层能找到多少居民。

金属

公寓房模型听起来似乎有点别扭，但是它却几乎完美地描述了金属中的电子。在接近绝对零度的温度下（“深冬”），电子从最低能态开始依次填充，只填充到尽可能低的较高能态；在高温时（“盛夏”），有些较高能态还只是部分被占满，就会有小部分电子谋求占据比之更高的能态。（公寓房模型与金属有一点不同，在金属中，能级之间会存在间隙，就好像公寓楼的某些层完全消失了，空气——可能有些钢梁支架——在其上下楼层之间填充，没人在那儿，它只是一个空间。）

公寓房模型也大体适合于原子和原子核，不同之处在于原子内允许能态之间存在着巨大的能量差异，在原子核中这种能态间差异更大，这使得在低温和高温情况下，它们具有与金属紧密的能态间隔完全不同的结构。对于原子而言，室温与绝对零度几乎没有差别。要想让原子内的电子自发跃迁到较高能态，需要上千度的温度，而要使原子核内的核子发生相同的激发跃迁，则需要数百万度的温度。

玻色子

1924 年，达卡 * 大学 30 岁的物理学教授萨特延德拉 · 纳特 · 玻色给正在柏林的爱因斯坦寄去一封信，信里有一篇题为《普朗克定律与光量

---

* 达卡现在是孟加拉国的首都，当时属于印度。

子假说》[*Planck's Law and the Hypothesis of Light Quanta*] 的论文，这篇论文被英国权威期刊《哲学杂志》[*Philosophical Magazine*] 拒绝。玻色并没有因论文被拒而退缩，他决定与世界上最著名的物理学家取得联系。这一勇气或许源于先前他将爱因斯坦论述相对论的文本从德文翻译为英文奉献给印度读者，也或许只是因为他对自己论文所述的重要成果非常自信。

玻色论文题目中的“普朗克定律”是 1900 年马克斯·普朗克所引入的数学定律，该定律给出了恒温下在一个封闭空间中不同频率辐射之间的能量分布，即我在第 5 章中提到的黑体辐射或空腔辐射。回想一下普朗克的公式形式

$$E = hf$$

给出的并非频率为 f 的光子具有的能量，而是一种物质在辐射中失去或得到的最小能量。普朗克假设，辐射中的能量转化是量子化的，而并非辐射本身是量子化的，这正是普朗克之后大部分物理学家在将近四分之一个世纪中所持有的观点。尽管爱因斯坦在 1905 年已经提出了光子的概念（实际上如此命名是在这之后）*，并且亚瑟·康普顿 [Arthur Compton] 在 1923 年观测到了光子 – 电子散射的证据，但是玻色在 1924 年撰写论文时仍将“光量子”（即光子）称为是一种假说。应该说，在光子从假说变为被广泛接受的事实的过程中，玻色的论文发挥了主要作用。

玻色在他寄给爱因斯坦的论文中提出，若假设辐射射线由彼此没有相互作用的“光量子”的“气体”组成，可推导出普朗克定律，这些“光量子”可彼此独立地占据任意能态，不论能态上是否有其他“光量

---

* 吉尔伯特·刘维斯 [Gilbert Lewis] 于 1926 年提出了“光子”这一命名。

子”存在。[*] 爱因斯坦立刻意识到玻色的推导与普朗克的最初推导相比是巨大的进步，他的工作为光量子的存在提供了间接的证明。爱因斯坦亲自将玻色的论文从英文翻译为德文，并推荐给德国的权威刊物《物理学杂志》[*Zeitschrift für Physik*]。在爱因斯坦的推荐下，论文很快就发表了。

受玻色工作的启发和激励，爱因斯坦暂时搁置了他对电磁和引力的统一理论的努力，而将注意力转移到假如原子与光子遵守相同的规律，原子将如何运动的问题上来。同年，他的论文在玻色的论文发表之后也发表了，从而产生了我们现在称为玻色–爱因斯坦统计的重要成果。数年后，保罗·狄拉克建议将遵守这一统计规律的粒子命名为玻色子。[**]

爱因斯坦所取得的成果之一是在极低温情况下原子气所发生的变化。（他假设他的原子满足玻色–爱因斯坦统计，后来发现大约有一半原子是满足这一统计的。）我们回到公寓房模型，对于玻色子居民，公寓第一层及其他各层能够住多少人是完全没有限制的，你可以认为一个给定集合中的所有玻色子都挤在最低能态。它们确实具有这样一种趋势，不过这种趋势只是在极低温的情况下才会完全显现。在“温和天气”下，许多玻色子集中在第一层，但也会有很多玻色子分布在更高层。仅当温度低于南极标准（实际上就是与绝对零度相差百万分之一度以内）时，所有玻色子聚集在第一层，也就是最低的能态。爱因斯坦（进一步应用公寓房模型）认识到在这一环境下，玻色子将不仅占据同一层（也就是说具有相同的能量），还会均匀地分布在这一层上。这一集合中的所有玻色子都具有完全相同的运动状态，从而完全重叠渗透在一起，相当于每一个都占据着整个一层。所有原子也都与其他原子一样作概率分布（我们现

---

* 玻色当时对于泡利不相容原理还一无所知，不相容原理是由泡利在第二年提出的，且应用于电子，并没有用于光子。

** 狄拉克以谦逊著称，费米子的性质是由狄拉克和费米共同发现的，而狄拉克提出将它命名为费米子。

在称之为玻色–爱因斯坦凝聚）。实验学家们花了 70 年时间才追赶上这一理论发展，并在实验室中产生了玻色–爱因斯坦凝聚。实验滞后的主要原因是，将温度降到所需要的极低温是非常困难的。玻色和爱因斯坦都没能在生前看到这一对玻色子主要行为的实验验证。

费米子和玻色子之间的一个区别在于它们的数量。证据表明宇宙中费米子的总数是常数（反费米子按照负粒子数计算），* 而玻色子的总数则是变化的。费米子总数不变规则在所有单个粒子的反应中都发挥着作用，例如在负 μ 子变为一个电子、一个中微子和一个反中微子的衰变中，

$$\mu^- \rightarrow e^- + \nu_\mu + \bar{\nu}_e$$

衰变前后各有一个费米子（反中微子按照负粒子数计算）：

$$1 \rightarrow 1+1+(-1)$$

与此相同，在中子衰变中，

$$n \rightarrow p + e^- + \bar{\nu}_e$$

衰变前是一个费米子，衰变后净费米子数也为 1，仍有

$$1 \rightarrow 1+1+(-1)$$

当一个电子和一个正电子湮灭后产生一对光子时，衰变前后费米子总数为 0：

$$e^- + e^+ \rightarrow 2\gamma$$

$$1+(-1) \rightarrow 0$$

这是一个玻色子总数改变的例子，在该例中玻色子总数从 0 变为 2。相同地，当质子与加速器中所产生的其他质子发生碰撞时，将会产生各种

---

* 黑洞或许是这一原则的例外，理论表明一个吞噬了大量费米子的黑洞并不存在费米子数守恒——实际上黑洞中的费米子数已经是一个无意义的概念了。

不同的玻色子，例如：

$$p+p \rightarrow p+n+\pi^{+}+\pi^{+}+\pi^{-}$$

这里出现了三个之前没有的玻色子。（注意费米子的总数始终守恒为 2。）再举一个例子，在负 π 介子变为 μ 子和反中微子的衰变中：

$$\pi^{-} \rightarrow \mu^{-}+\bar{\nu}_{\mu}$$

玻色子总数从 1 变为 0，费米子总数则始终为 0（仍将反中微子计作负粒子数）。没有人知道这些深奥问题的答案：为什么费米子数守恒，* 而玻色子的数目则是任意的？为什么黑洞对这些规则视而不见？

玻色 – 爱因斯坦凝聚

1995 年，位于科罗拉多州博尔德的实验天体物理联合研究所的埃瑞克 · 科奈尔 [Eric Cornell] 和卡尔 · 维曼 [Carl Wieman] 首次实现并研究了玻色 – 爱因斯坦凝聚。** 他们最初的成功来自将数千个铷原子冷冻到绝对零度以上五百万分之一度。在这一温度下，铷原子以每秒 8 毫米或每小时 90 英尺的速度缓慢移动（室温下它们的速度约为 300 米每秒，或者 650 英里每小时）。由于一个原子的平均速度是其温度的量度，所以冷冻和降速实际上是一回事。为了获得在当时堪称纪录的 200 纳开的温度，维曼和科奈尔使用了激光冷却和磁陷俘技术，激光光束可使原子运动速度减慢，继而使用磁场将这些原子束缚在一个很小的区域内进行蒸发冷却——就像你穿着湿泳衣会瑟瑟发抖一样——进一步将这些原子降温变冷。

---

* 理论确实回答了下述问题：为什么反粒子得计为负粒子？这并不神秘。

** 由于这一成就，他们与该领域另一位先驱者、麻省理工学院的沃尔夫冈 · 凯特勒 [Wolfgang Ketterle] 分享了 2001 年的诺贝尔物理学奖。

左为卡尔·维曼 [Carl Wieman]（生于1951年），右为埃瑞克·科奈尔 [Eric Cornell]（生于1961年），1996年摄于科罗拉多州博尔德。由肯·阿博特 [Ken Abbott] 拍摄。承蒙科罗拉多大学博尔德分校许可使用照片

铷是周期表中的第 37 号元素，因此其原子核内含有 37 个质子，核外有 37 个电子，也就是说一共有 74 个费米子。如果原子核内中子数为偶数，那么费米子的总数为偶数，原子为玻色子。铷元素两种常见同位素，铷 –85（48 个中子）和铷 –87（50 个中子）就是这种情况。（如果用计算夸克和电子的方法，可以得到相同的结论：铷的这两种同位素是玻色子。）在麻省理工学院，沃尔夫冈·凯特勒采用大量钠原子获得了玻色 – 爱因斯坦凝聚。正如早先提到的，一个钠原子有 11 个质子、12 个中子和 11 个电子，因此它也是玻色子。

为了使你对玻色 – 爱因斯坦凝聚有形象化的认识，现在回到公寓房

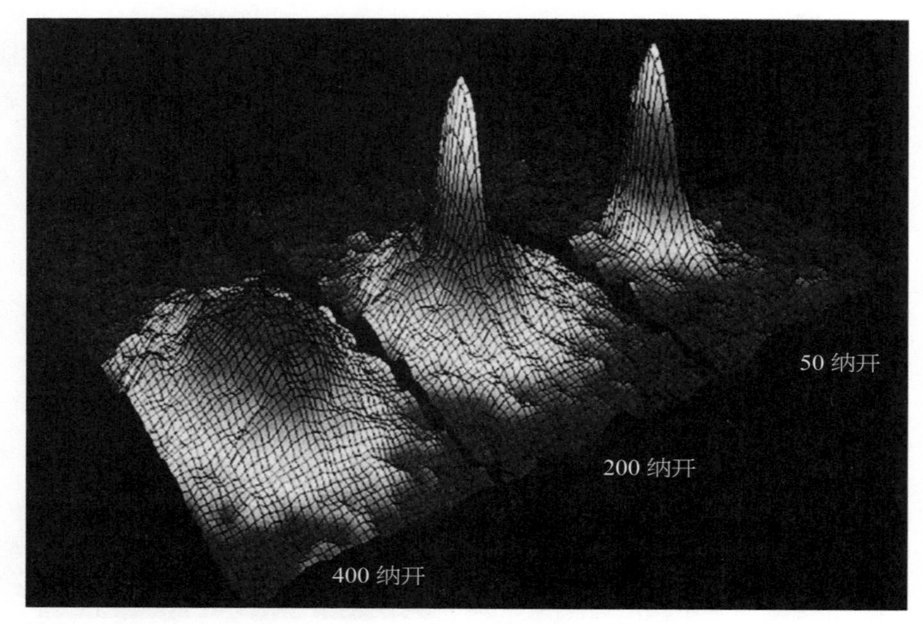

维曼和科奈尔将温度从400纳开降低到200纳开继而达到50纳开（1纳开为绝对零度之上十亿分之一度）时铷原子云的速度分布数据图。在200纳开及更低温度出现的峰值表明了内部原子近乎静止的玻色－爱因斯坦凝聚的构成。承蒙科罗拉多大学博尔德分校迈克·马修斯 [Mike Matthews]、卡尔·维曼以及埃瑞克·科奈尔许可使用照片

模型。假设是 2126 年，公寓第一层住着 85 个克隆人，基因完全相同，公寓很大，这些房客彼此不会干扰，从外边看，虽然无法说出谁是谁，但你会看到他们都是单独的个体。当低温自动调节器将温度调低到 200 纳开时，每个个体都变成了蔓延于整个公寓空间的乌云（并非好莱坞的特效制作人员搞的把戏），每片云之间都彼此完全重叠，所以公寓实际上相当于被一片厚厚的云充斥着。这时如果从外边往里看，你根本看不到任何个体，倒像是公寓被租给了一大团乌云，但是这些克隆人并没有丧失各自的个体性。当温度调节器将温度升高到百万分之一度左右时，这片云再次分散成 85 个个体，谁都不会因之前的经历而有所损坏。

应用于实际的问题已经引起了物理学家们的兴趣：玻色－爱因斯坦凝聚有什么实际应用？假如历史可资借鉴，那么答案很有可能是肯定的。只要科学家们理解并掌握了物质的某种新形式，他们就会想方设法将这种理解和掌握应用于实际。比如说，这种凝聚可能在基本常数的精确测量方面、量子计算机方面以及使用原子束而非光束的新型激光方面都具有重要的应用价值。

为什么有费米子和玻色子?

自然界是如何将粒子设计成群居或反群居的——可处于相同运动状态或不能处于相同状态——粒子的呢？经典理论无法回答这个问题，甚至连近似的答案也无法提供，这也正是这一问题令人感兴趣之处。为了回答这个问题，我必须介绍量子理论的一个数学特点，不过（我希望）这个特点是比较好理解的。我们所要研究的这个问题的答案依赖于一个事实，那就是自然界中存在着全同粒子。

泡利不相容原理没有说不能有两个费米子占据相同的运动状态，而是说不能有两个同种的费米子（两个电子或两个质子或两个红上夸克）占据相同的运动状态。相应地，也只有两个同种的玻色子（两个光子或两个正的 π 介子或两个负 K 介子）才会更倾向于占据相同的运动状态。如果宇宙中所有粒子都彼此不同，那么无论粒子有多小，一个粒子是费米子或是玻色子，就都不再重要，因为此时无论是费米子占据相同运动状态，还是玻色子不去占据相同运动状态都没有限制了。粒子就会像棒球一样——所有的都略微不同，既不会主动聚集在一起，也不会排斥聚集在一起。因此，在亚原子领域中，我们发现存在着真正严格的全同物质，并且因此而产生了无限的宇宙。例如，如果电子不是精确全同的，它们就不会在原子内顺序占据壳层，也就不会有周期表，也就不会有你，不会有我。

量子理论相较先前诸多理论的一个不同之处在于它可以处理不可观测的量，例如被称为波函数或波幅的不可观测量。一个粒子出现在某个位置的概率，或者按照某一轨迹运动的概率，正比于波函数的平方值。因此，波函数乘上自己，就成了可观测量，而波函数自己就不是可观测量。这意味着波函数是正还是负都不会影响观测结果，因为正数和负数的平方都是正值。* 在本书中，偶尔有些时候我不得不请你系紧安全带（或者加快脚步，踩滑板滑到下一节），现在就到了要请你系紧安全带的时候了。

假如 1 号粒子处于态 A，2 号粒子处于态 B，那么用波函数描述这两个粒子组合可表示为 A(1)B(2)。反之，如果 2 号粒子处在态 A，而 1 号粒子处在态 B，则可表示成 A(2)B(1)。现在的问题就是不可分辨性，假如 1 号粒子和 2 号粒子是严格全同的，那么就无法知道谁在态 A，谁在态 B。因而上述两种组合描述的都是同一个物理状态：一个粒子在状态 A，一个粒子在状态 B。早期的量子物理学家发现了一种处理关于粒子在哪儿的“不可判定性”的方法，即将两个波函数叠加：

$$A(1)B(2) + A(2)B(1)$$

这是对这一难题的圆满解决。实际上这意味着这两个粒子每个都以 50% 的机会分别占据这两个态。假如你做一个数学变换，将上述表达式中的 1 和 2 交换位置，你会发现交换前后的情况完全相同。这正好与这样一个物理事实相符：交换两个粒子不会影响观测结果，因为这两个粒子是全同的。

---

* 完整的故事要比这更复杂，不可观测的波函数可以是一个复数，即由实部和虚部组成，这比起仅仅是负数更难观测。一个复数的绝对值平方是一个正的量，并且是可观测的量。

对这一难题（全同粒子交换位置而不影响观测结果），量子理论还可以有不同的解决方法。可以在叠加波函数中用负号取代正号：

$$A(1)B(2) - A(2)B(1)$$

现在将 1 和 2 的位置交换可得到：

$$A(2)B(1) - A(1)B(2)$$

这正好与刚才那个波函数相差一个负号，但是这也是完全正确的，因为只有波函数的平方才具有可观测的物理意义，而这个波函数的平方值并没有变化。

第一个给出的相加的波函数组合被称为对称波函数，而第二个相减的波函数组合则被称为反对称波函数。对称波函数用于描述两个全同玻色子，而反对称波函数则用于描述两个全同费米子。理论学家们还尝试了加减之外的其他组合方法，但是自然界似乎就安排了这两种组合方式，所有已知的粒子要么是玻色子，要么是费米子。

当两个全同粒子处于相同运动状态时，玻色子和费米子之间的重要区别就会显现出来。如果两个粒子都处于态 A，对称波函数可表示为：

$$A(1)A(2) + A(2)A(1)$$

也就是 2A(1)A(2)。这一波函数组合描述了两个处于同一状态的玻色子。那么如果是两个费米子处在——或者想处在——相同的状态 A，会得到什么结果呢？相同状态下两个全同粒子的反对称波函数是：

$$A(1)A(2) - A(2)A(1)$$

这实际是 0！两项相消，两个费米子不能处在相同状态。这正是泡利不相容原理简单得令人吃惊的（也被公认是精妙的）数学根据。

想想仅仅是一个加号或者一个减号就可产生的结果——从玻色 – 爱

因斯坦凝聚到整个元素周期表——似乎有点可怕。这两种选择基于两个事实：量子理论可处理不可观测的波函数；给定类型的粒子都是彼此克隆、严格相同的。因此，物理学家们怀着对数学力量的敬畏来描述自然界也就不足为奇了。

持之以恒

为什么说守恒律具有“许可性”？

根据不变性原理，不变的是什么？

如果空间不均匀，物理学是否还有可能存在？

宇称守恒或空间反演不变性是什么意思？

……

“一切都在改变。”公元前5世纪时古希腊悲剧诗人欧里庇得斯[Euripides]曾这么说。或许你倾向于同意这一说法，在你周围世界中没有任何永久不变的事物。甚至在欧里庇得斯之前，古希腊哲学家赫拉克利特[Heraclitus]就曾写下：“除了改变，没有什么是永久不变的。”我们身边的所有事物都在不停变化，物理学家们对于这一认识没有异议。不过他们已经发现自然界中有些东西确实是保持不变的，这种物理量被称为是“守恒”的。而当其他物理量变化时，用以描述一个物理量保持不变的规律被称为守恒律。

我在前面几章曾提及不同的守恒律，例如能量（包括质量）守恒、动量守恒、电荷守恒、夸克和轻子味守恒以及重子数守恒，这一简短的名单包括了大多数重要的守恒律。本章我还将继续列举一些守恒律，并且对守恒律中哪些是（迄今为止我们所了解的）绝对守恒，哪些是部分守恒进行区分。此外，我还将考察一个令人感兴趣的问题：为什么在物理学家们为自然界谱写的剧本中，守恒律从最初扮演的小角色变成了耀眼的大明星？

守恒律在物理学的发展历程中，相对而言还是个后来者。亚里士多德与他的前辈欧里庇得斯和赫拉克利特一样，主要致力于事物的变化性，直到现在大部分科学家也是如此。约翰尼斯·开普勒在17世纪之初提出的行星运动第二定律，或许是第一个引入的守恒律。该定律指出，从太阳到行星的假想连线在相同时间间隔内扫过的面积相同。行星在绕太阳运动时速度总是在不断变化，当行星靠近太阳时运动较快，远离太阳时运动较慢，但是从太阳到行星的径向连线扫过的面积总是保持不变。现在我们知道了开普勒第二定律实际上源于角动量守恒。当每个行星作轨道运动时，有些特征量在不断变化——比如它的速度、运动方向以及到太阳的距离——但是其轨道角动量总是保持不变。地球每二十四小时绕

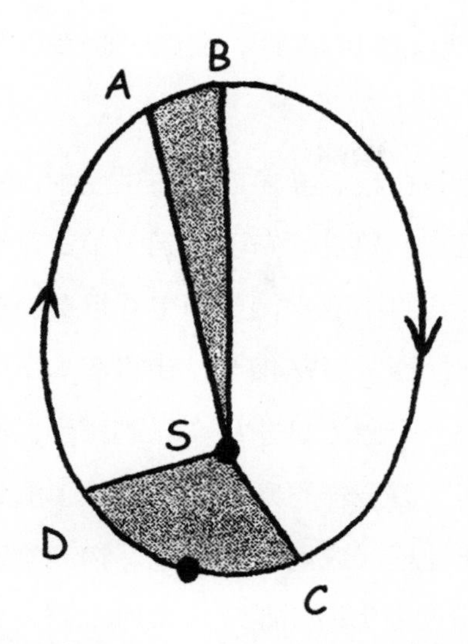

图23　开普勒第二定律：行星在相同时间内扫过相同的面积

自转轴旋转一圈也是角动量守恒的结果，守恒的是自旋角动量。

在开普勒提出他的第二定律之后不久，伽利略认识到一个不受外界影响的物体将保持匀速直线运动——这也是一种守恒律。随后在 17 世纪，克里斯蒂安·惠更斯以及牛顿引入了动量守恒，尽管牛顿仍然主要是致力于研究变化，并在运动学方面取得了伟大的成果。本杰明·富兰克林在 18 世纪提出了电荷守恒。最具戏剧性的进步，当数 19 世纪中叶对最重要的守恒定律的发现，科学家们提出了普遍的能量守恒定律，将机械能和热能统统涵盖在内。那个时候，质量守恒定律是化学家的重要理论基础，而这一定律却被爱因斯坦推翻了。爱因斯坦以他著名的公式 $E = mc^2$ 揭示出质量只不过是一种冻结的能量，并且必须被统一进更大的能量守恒定律。（在化学反应中，质量的变化小到可以忽略，所以对化学家来说，质量守恒仍然是非常有用的工具；另一方面，在亚原子粒子反应中，质量改变则相当大——想想质子和反质子的湮灭反应，质量完全消失。）最后，在 20 世纪中晚期，又进一步发现了味、色以及粒子类型的守恒定律。

为什么守恒律现在在我们描述自然的过程中占据着如此中心的地位呢？其中一个原因是人们总是倾向于看到简单美，有什么思想会比我们周围世界在变化中蕴含着不变来得更简单并且更有威力呢？另外一个原因则是守恒律与对称性原则紧密相连。我将在本章中对这一奇妙的联系进行详细阐述。还有一个原因是非常实际的原因，在瞬间发生的猛烈的粒子反应中，不可能（甚至连原则上都不能）了解每一个短暂的时刻发生了什么，我们只能处理反应前后的状况。物理学家们一旦了解了反应前的情况，就能测量出反应后的情况，而中间过程的细节是无法观测的。理论表明其间有许多不同的过程同时发生，此起彼伏，杂乱无章。是守恒律让事情变得有条不紊，有些物理量在反应前后毫发无损，完全没变。

物理学经典定律，即某个描述变化的规律，可被称为强制律。这种定律用于描述发生了什么，特别是在特殊环境下肯定会发生什么。假如宙斯把一个行星放在远离太阳的某一距离处，并且沿着某一方向轻轻推动这一行星（也就是说，提供初始条件），牛顿运动定律就能告诉我们行星将会——实际上是一定会——在太阳和其他行星对它的作用力下，随后出现在何处。强制律通常可用数学方程进行表述。例如，考虑一个自由下落的弹球，方程可以给出它经过一段时间之后下落的距离为

$$d = (1/2)g\,t^2$$

一个方程就像一种烹饪方法，这个方程则告诉我们：以秒为单位的下落时间平方，乘上重力加速度 g（9.8 米每秒平方），再乘上 1/2，你就可以得到以米为单位的下落距离。该方程给出了弹球在向地板下落的过程中任意时刻所处位置的瞬时信息。但是在粒子反应中，就无法得到这样的细节信息了。

相比之下，守恒律则是一种禁戒律。那些不违反守恒律的情况都可以发生，但任何违反守恒律的情况都将被禁止。例如，如果加速器中一个高能质子与另外一个质子发生碰撞，将会产生许多可能后果，几十种可能性中的几种为：

$$p+p \rightarrow p+p+\pi^{+}+\pi^{-}+\pi^{0}$$

$$p+p \rightarrow p+n+\pi^{+}+\pi^{0}$$

$$p+p \rightarrow p+\Lambda^{0}+K^{0}+\pi^{+}$$

但实际上并非“一切皆有可能”。守恒律告诉我们：碰撞中出射粒子的总动量应等于初始质子的动量，碰撞产物的总电荷必须为 +2，重子数相加必须为 2，净费米子数必须为 2，并且碰撞产物的质量能加上动能必须等于初始总能量（质量能 + 动能）。由于每个产物粒子都要吸收一部分能量，所以最后一条要求限制了碰撞后产生的有质量粒子的总数。

与守恒律的禁止相关的是一种量子力学的许可性或宽容性。守恒律本身并不能说明哪些理论上可能发生的反应（比如上面给出的三个反应）最终会发生，但物理学家有理由相信，理论上所有可能的反应都会以某种概率在某个时刻发生。（这就是我称之为量子许可性的原因，量子概率为所有可能性都打开了大门。）因此，如果给定能量的质子接连击中含有质子的靶，守恒律允许的所有可能结果最终都会发生——有些常发生，有些不常发生，有些则可能极少发生。这种许可性是对守恒律禁止的重要补充。这不仅意味着所有不被守恒律禁止的事情都是被允许的（很像禁令在人类事务中发挥的作用），而且意味着所有不被守恒律禁止的事情都将必然发生（设想某天由于施工，你无法正常地从你家去往你的办公室，那么就必须通过所有其他可能的路线去上班）*。

* 为使这个例子更接近物理世界的精神，设想你还不能迟到，那么对你来说上班的路线就是有限的了，你只能通过那些能够保证你不迟到的路线去上班。

不变性原理

守恒律在物理世界中表达了一种不变性：某些物理量（能量、动量等）的不变性。还有另外一种不变性，同样显著而重要：物理规律本身的不变性。不变性原理就是阐述这种不变性的原理，即当实验条件以某种特定方式发生变化时，物理规律保持不变。例如物理规律的位置不变性：物理规律在不同的地方保持不变。假如在伊利诺伊州的巴达维亚按照某一方法开展实验，那么在瑞士日内瓦做这一实验，实验过程将完全相同，并将得出完全相同的结果。这看起来似乎显而易见，但其实只是因为当我们从一个地方运动到另外一个地方时，习以为常地体验着自然界的这一规律，所以从未感到惊奇。实际上这正是自然界的深刻真理，它阐明了空间的均匀性，即空间中的各点都是等价的。（这一表述也正是对称性原则的一个例子，我稍后将在本章中进行讨论。）假如一个实验在不同地方实现会有不同结果，还会有物理学吗？会的，但是物理学就会变得复杂多了。物理学家就得不仅研究物理规律，还得给出这些规律在不同地方所发生的变化的规律。正是空间均匀性和物理规律的位置不变性让自然界变得亲近多了。

我们需要考虑的另外一种不变性原理是方向不变性，一个实验的结果不会因装置的转动而发生变化。例如，质子－质子的碰撞结果并不依赖于入射质子在碰撞前是向东飞还是向北飞。这似乎也是显而易见的，理由与前面相同。我们对周围世界的日常经验导致我们相信就是这样，但实际上这并不是“必然”的，而只是发生在我们所居住的宇宙的一个特点。可以设想一个存在优先方向的假想宇宙——自然界的规律在这种宇宙中随方向变化而会有所不同。在我们的宇宙中，没有任何特殊方向，空间被认为是各向同性的——在所有方向都相同。

爱因斯坦在 1905 年提出狭义相对论时，引入了另外一种不变性，被称为洛伦兹不变性（爱因斯坦采用了荷兰著名物理学家亨德里克·洛伦兹 [Hendrik Lorentz] 给出的数学表达式，故以洛伦兹的名字命名）。洛伦兹不变性告诉我们，在一个惯性系内成立的自然规律，在另外一个相对于该惯性系作匀速直线运动的参考系内也成立。要想理解这一表述的含义，你首先必须明白什么是惯性系。若物体在某一参考系内不受外力作用时保持静止或匀速直线运动，该参考系就是惯性系。作轨道运动的太空船中飘浮的宇航员就处在惯性系中，他在船舱中无加速地穿梭。当你静止站立或者当你驾车以恒定的速度行驶在笔直的高速公路上时，你都处在一个非常好的近似惯性系内。（另一方面，当你驾驶一辆汽车转弯时，你会被“甩”向一侧，此时你处在一个非惯性系内。）

尽管并没有意识到洛伦兹不变性的存在，但实际上你可能已经实践了很多次了。如果你在高速路上开车的时候吸饮料或者嚼快餐，并不会洒出饮料或是掉下残渣，可能是由于自然规律在你的车运动时和静止时完全一样所致。如果你乘坐正在飞行的飞机（在静止的空气中）时掉下一枚硬币，你会看到硬币掉落地板与飞机停在跑道时的情况完全相同，因为自然规律在运动的飞机中和在静止的飞机中是完全相同的。（假如你不怕麻烦，将一些精密测量仪器搬上飞机，你会发现在运动飞机中，硬币下落的每个细节都与静止飞机中的硬币下落过程完全相同。）在爱因斯坦之前将近 300 年，伽利略就认识到力学规律在匀速直线运动的参考系内与在静止参考系内完全相同。爱因斯坦的天才（你可以说是他的勇敢）就在于，提出了不仅仅是力学规律，所有的物理规律在不同惯性系中都完全相同。正是当洛伦兹不变性原理被扩展应用于电磁学规律时，揭示出了诸如时间延缓和空间收缩等惊世骇俗的相对论结果。

现在你会发现，守恒律和不变性原理尽管是不同的思想，但是却有着相同的特点。它们都是用于描述当别的量发生变化时那些保持不变的物理量的，因此也都简化了对自然界的描述。不变性原理是指自然界的规律保持不变；而守恒律则是指保持不变的特定物理量。不变性原理中所指的变化是指实验条件的变化，而与守恒律有关的变化则是当过程发生时的物理变化。另外还要注意存在普遍与特定之间的差异。不变性原理：当条件发生特定变化时，所有规律都保持不变。守恒律：对于所有可能的物理过程，某一物理量保持不变。

绝对守恒律和不变性原理

大尺度世界中的“四大”守恒量——能量、动量、角动量和电荷——在亚原子世界中也是守恒的。这并不奇怪，因为大尺度世界中的所有物体，最终都是由亚原子单位组成的。你也可以认为这一因果联系是从小到大建立起来的：因为能量、动量、角动量和电荷在亚原子世界中守恒，所以在大尺度世界中也是守恒的。与这些量有关的守恒律被认为是绝对守恒律。所谓绝对守恒律就是被认为在所有环境下都有效，而迄今尚未发现有违反的守恒律。此外，在理论上，我们也有理由相信这四个量的守恒律是绝对守恒律，相对论和量子理论都预言这四个绝对守恒律应该是有效的。不过实验才是最后的裁决者，再漂亮的理论也不可能战胜实验，与所有其他有关自然的坚定宣言一样，将这四个守恒律称为绝对守恒律也是一种假设。

能量

在第 6 章中，我曾介绍过量子跃迁的“衰减原则”：自发跃迁都是从高能态向低能态跃迁，粒子只能衰变成总质量小于衰变粒子的若干粒子。正如本章前面所述，能量守恒也在诸如质子 – 质子碰撞产生新粒子的“增益”事件中扮演着重要的角色。正是由于有丰富证据表明反应前后能量保持不变，才使能量守恒定律在分析粒子碰撞的复杂产物时成为非常实用的工具。

动量

与能量守恒一样，动量守恒的建立为分析粒子过程提供了重要的工具。在这些守恒律的帮助下，物理学家可以反推出产生的新粒子的质量。

能量守恒和动量守恒共同的禁戒结果之一是，不允许单粒子衰变的出现。也就是说，一个不稳定粒子的衰变，即便不违反衰减原则，也不能只衰变产生一种粒子。例如，假想一个 Λ 粒子衰变成一个中子而再无其他衰变产物：

$$\Lambda^0 \nrightarrow n$$

箭头上的斜线表示这一衰变不会实际发生。假如发生了这一过程，那么电荷、重子数以及能量（在质量上是衰减的）都是守恒的，但是动量不守恒。假设这个 Λ 粒子最初是静止的，那么其质量能一部分将转化为中子的质量能，另一部分将变为中子的动能。要使总能量守恒，中子必须反弹，但是这样就无法满足衰变前后动量始终为零，因而动量就不守恒。那么假如衰变产生的中子保持静止会怎样呢？动量是守恒了（衰变前后动量都保持为零），但是能量又不守恒了（衰变后能量小于衰变前）。因此，综合考虑这两个守恒律，就不能出现单粒子衰变。

上述采用 Λ 粒子进行说明的论据是假设粒子在衰变前保持静止，那么假如衰变前 Λ 粒子是运动的，从而可将动能和质量能都考虑进前后变化之中，情况会怎样呢？这样就可以衰变成单个粒子了吗？不。与第 6

章中讨论衰减原则时举的例子一样，假如一个衰变无法在随初始粒子一起运动的参考系中发生，那么该衰变在任何参考系中都不会发生。

角动量

角动量量子理论的奇特之处在于，尽管整数角动量（以 $\hbar$ 为单位）总能耦合成仍为整数的总角动量，但是那些半奇数角动量的各种不同耦合就要依赖于参加耦合的角动量数目是偶数个还是奇数个了。奇数个这样的角动量耦合成的总角动量仍为半奇数，而偶数个这样的角动量则可耦合成的总角动量为整数。这些叙述可能让你感到晕眩，这里有些例子可作说明。中性的 π 介子衰变成两个光子时角动量守恒：

$$\pi^0 \rightarrow 2\gamma$$

π 介子的角动量为 0，每个光子的角动量都为 1。为了看到这一过程前后角动量守恒（衰变前后角动量皆为 0），只需想象出这两个光子的自旋是相反的，因而它们的角动量矢量叠加之后为 0。

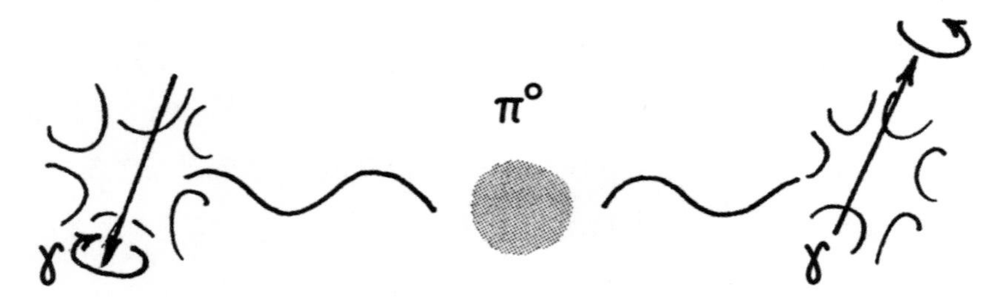

图24　中性 π 介子的衰变

下面再来考虑一个电子和一个正电子湮灭产生两个光子的过程：

$$e^- + e^+ \rightarrow 2\gamma$$

在这个例子中，反应前有偶数个费米子，所以最终产物的角动量为整数。你可以想象出两个电子的自旋相反，从而总角动量为 0；两个最终产生的光子自旋也相反，从而总角动量守恒为 0。

当一个中子衰变成一个质子、一个电子以及一个反中微子时，这一过程处在包括角动量守恒在内的众多守恒律的团团包围之中。这一衰变可表示为：

$$n \rightarrow p + e^{-} + \bar{\nu}_{e}$$

一个费米子变成三个（实际上是两个费米子和一个反费米子）。初态粒子自旋为 1/2，每个末态粒子的自旋也为 1/2。到现在为止，你应该对角动量的矢量性有了足够的了解，因而可知角动量不可能发生从 1/2 到 3/2 的明显变化。假如中子自旋向“上”，那么最终的三个粒子的自旋可以是上 – 上 – 下，总自旋为 1/2，方向指向上。在这一衰变过程中其他守恒量包括能量、动量、电荷、重子数以及轻子数。

关于角动量最后还需注意：原子内的量子跃迁和粒子衰变一样，都会涉及轨道角动量和自旋角动量。由于轨道角动量总是整数，所以不会改变奇偶规则。比如在刚刚提到的中子衰变例子中，假如三个末态粒子分离出来时总轨道角动量减少 1 且指向下，那么它们三个的自旋是都可以指向上的。另一方面，轨道角动量的减小加三个末态粒子的自旋角动量之和则必须为 1/2 并指向上以与中子最初的自旋相匹配。

电荷

电荷守恒要比能量守恒、动量守恒或者角动量守恒更为简单。检验电荷守恒只需要计数。电荷比能量简单，因为它既没有多重形式，也并非连续取值。电荷也比动量或角动量简单，因为它是标量，不是矢量

（也就是说电荷只有大小没有方向）。在本章以及前面的章节中，你已看到很多关于电荷守恒的实例。

毫无疑问，电荷守恒最有益的结果就是电子稳定性。假如没有电荷守恒，电子将有可能衰变成一个中微子和一个光子：

$$e^- \not\to \nu_e + \gamma$$

（正如前面提及的，斜线表示此衰变不会实际发生。）由于没有比电子更轻的带电粒子（至少目前没发现），所以电子无法衰变成比自己更轻的带电粒子。因此，假如电子发生衰变，它唯一的选择就是衰变成中性粒子，这就违反了电荷守恒。在上述过程中，除了电荷守恒，其他守恒律均可得到满足。至今尚未发现任何电子衰变的例证，所有未能观测到的衰变都被解释为寿命下限问题，目前这一下限已更新为 5×10^{26} 年，远远超过宇宙寿命的十亿倍。因此，我们不必担心电子的衰变问题。（但是假如物理学家发现电子确实具有一定微小的概率发生衰变，那将是多么令人惊讶和动人心魄的发现啊。这种发现将会使理论学家们立刻飞奔到他们的黑板和电脑前。）

重子数

物理学家有理由认为电荷守恒确实是绝对守恒律，而重子数守恒则不是，不过尚未发现重子数不守恒。迄今为止的实验都支持重子数绝对守恒，对质子衰变的研究（至今仍未观察到质子的衰变）将质子的寿命下限进一步提高到 10^{29} 年，甚至高于电子寿命的下限。由于质子是已知重子中最轻的粒子，它如果发生衰变必定会违反重子数守恒。质子的不衰变是对重子数守恒最强有力的检验，实验学家们仍在继续努力捕捉质子衰变——假如确实有所发现，必将引起人们超乎寻常的兴趣，当然如果能发现电子也是不稳定的，将会更具震撼性。

轻子数

首先我们需要回忆一些术语。有六种轻子：电子及其中微子、μ 子及其中微子、τ 子及其中微子。这些每两种粒子一组的粒子组，每组都有一种味——分别为电子味、μ 子味和 τ 子味。由于所有这六种轻子的自旋都是 1/2，所以它们都是费米子。

很多年来，物理学家都认为每种轻子味都是分别守恒的。（味守恒意味着某种味的粒子数减去相应的反粒子数是常数。）这种猜想与观测到的 μ 子衰变相一致：

$$\mu^- \rightarrow \bar{\nu}_\mu + e^- + \bar{\nu}_e$$

这里 μ 子味的一个粒子（即 μ 子自己）消失了，取而代之的是另外一个 μ 子味的粒子（μ 子中微子），并且产生了一个电子味的粒子和一个电子味的反粒子。μ 子不能衰变成电子和光子实际上也支持了味守恒：

$$\mu^- \nrightarrow e^- + \gamma$$

这一衰变从未被观测到，实验上认为这一衰变的概率小于 μ 子衰变的 10^{11} 分之一（一千亿分之一）。假如这一衰变确实被发现了，那么 μ 子味和电子味也就都发生了改变。

实际上，迄今为止尚未发现任何与带电轻子有关的轻子味改变。不过正如第 3 章中所提到的，对中微子振荡的观测显示，一种轻子味可以变为另外一种轻子味，从而使轻子味守恒不可能成为绝对守恒律。但是总轻子数（所有味耦合）的守恒仍然是一种绝对守恒律。例如，在中微子振荡现象中，一种味的中微子会变成另外一种味的中微子，但是中微子总数并未发生变化。

物理学家们对轻子数守恒的态度与对待重子数守恒的态度完全相同。实验都支持这两种守恒律是绝对守恒律，但是假如有证据表明这两者之一或者两者都会有一定的微小机会（无疑会极小）出现违反守恒的情况，而只是部分守恒，那也并非什么特别令人惊奇的事情。

色

色是夸克和胶子的一种重要性质，但同时也是一种比较晦涩难懂的性质，并且被认为是绝对守恒的。轻子和玻色子都是无色的，因此，所有在实验室中观测到的复合粒子——质子、中子、π 介子、Λ 粒子等也都是无色的。所以色是不能直接观测的，关于色守恒的证据都是间接的，是建立在强相互作用夸克理论成立的基础上的。

与电荷一样，色也是粒子的一种量化特征，可以如同接力赛中的接力棒一样在粒子之间进行传递。色是一种比电荷更复杂的性质，有三种色（约定俗成为红、蓝和绿）和三种反色，而电荷只有正或负。在质子或者中子内，色是飞速回转变化的，因为夸克在红、蓝、绿之间来回舞动，而胶子则在红－反绿，蓝－反红等之间来回飞舞。从第 93 页的图 12 即可见这种色舞蹈之一斑。在所有顶点，色都是守恒的。

TCP

绝对守恒律中要介绍的最后一个是一种被称为 TCP 的对称性原理。这个原理有些复杂，但是为了叙述完整起见，这里还是要对它进行介绍（需要再次让你系紧安全带了）。TCP 不变性原理是说，如果你通过物理上可能的过程改变以下所有三种条件，那么其结果也将是另外一种物理上可能的过程，并且与初始过程遵守相同的自然规律。这三种改变或者说条件是：

T，时间 [Time] 反演：让实验逆向进行，也就是说前后交换；

C，电荷 [Charge] 共轭：实验中所有粒子都用相应的反粒子替代，所有反粒子都用相应的粒子替代；

P，宇称 [Parity]，或镜像反演：让实验以原始实验的镜像方式进行。

直到 20 世纪 50 年代，物理学家们还认为这些条件中每个条件单独变化之下自然规律就能保持不变。随后的发现将这一假设彻底粉碎，但却留下了整体 TCP 不变性的合成规则。这里举个例子来说明其含义，初始过程为静止正 π 介子衰变为正 μ 子和 μ 子中微子：

$$\pi^{+} \rightarrow \mu_{\mathrm{L}}^{+} + \nu_{\mu\mathrm{L}}$$

下角标 L 很重要，人们发现所有中微子都是“左旋”的，也就是说如果你用左手大拇指指向中微子运动方向，那么左手四指即为中微子自旋方向。因此，L 就表示左旋。由于 μ 子及其中微子沿相反方向飞行，且它

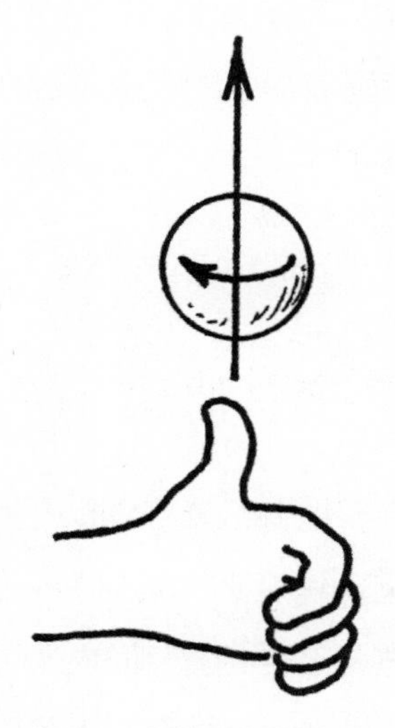

图25　中微子是左旋的

们的总自旋必须为零以与 π 介子的零自旋相匹配，所以 μ 子也一定是左旋的。现在来考虑三种条件改变。时间反演（T）将导致 μ 子和中微子碰撞产生一个 π 介子。电荷共轭（C）将使正 μ 子变为其反粒子，即负 μ 子；正 π 介子变为其反粒子，即负 π 介子；而中微子变为反中微子。镜像反演（P）将会使左旋变为右旋。不变性原理预言相应的过程在物理上也是可能的：

$$\bar{\nu}_{\mu R} + \mu_R^- \rightarrow \pi^-$$

尽管这并非一个实际发生的过程，但有足够的理由相信这是一个物理上可能的过程，它要求负 μ 子束和反中微子束必须以相等反向的动量和恰好的能量击中对方。假如在某些凑巧的情况下实现了这一过程，那么将会产生负 π 介子（这一过程发生的概率可以精确计算出来）。

尽管这个例子并非是使用实验验证 TCP 理论，但是它确实揭示出已被验证的一点：反中微子都是右旋的。对 TCP 不变性原理最好的验证是，它预言了所有反粒子都与其相应粒子的质量完全相等，且所有不稳定的反粒子都应该与其相应粒子具有相同的寿命。这些预言已得到了高精度的验证。TCP 不变性还有很强的理论基础性，假如它并非绝对成立，哪怕只是一点点极小范围的不成立，那也表明量子理论的整个框架会摇摇欲坠。

部分守恒律和不变性原理

你或许会认为一个物理量要么是守恒的，要么就不守恒——部分守恒律是不可思议的。在某种程度上你是对的，但是物理学家们已经了解到，有些物理量在被某些相互作用控制的过程中是守恒的，而在另一些相互作用控制的过程中却不守恒，从而产生了部分守恒律的思想。例如，夸克味在强相互作用和电磁相互作用中是守恒的，但是在弱相互作用中就不守恒。被称为同位旋（稍后详细说明）的物理量在强相互作用中是守恒的，但是在电磁相互作用和弱相互作用中均不守恒。

同样，某些不变性原理只对部分而非对所有相互作用都有效。例如，（粒子 – 反粒子交换）电荷共轭不变性对于强相互作用和电磁相互作用是有效的，但是对弱相互作用就无效。

有这样一个规则：相互作用越强，约束就越多。强相互作用就处在最多的守恒律和不变性原理的团团包围之中；电磁相互作用的约束则相对少些；弱相互作用更少。所有相互作用中最弱的是引力相互作用。那么引力相互作用是否会有更多违反守恒律和不变性原理的情况呢？这是个很有趣的问题，不过我们还不知道答案，因为到目前为止，引力效应在粒子反应中还很难探测到。

还有一种被称为希格斯玻色子的粒子（以其提出者之一、英国物理学家彼得·希格斯 [Peter Higgs] 的名字命名），仍未被实验验证，而更多只是理论物理学家的假设，对其量子表现的预测仍只是在假设阶段，被认为充满整个空间，并通过其相互作用产生粒子质量，这是一项艰巨的任务。此外，它还可能与已探测到的时间反演不变性的非常微小的破坏有关，轻子味守恒明显的弱违反可能也与它有关。粒子物理学中没有什么研究比寻找希格斯玻色子更令人兴奋了，假如这种粒子能被找到，并且揭示出其性质确实与假设的相同，它将成为又一个更深层次简单性的例证，并同时对原来引人注目但却并非真正最深层次的简单性产生轻微破坏。（在这一例子中，基本希格斯场贯穿全部空间，并导致时间反演不变性的轻微破缺。）*

---

* 2012 年 7 月 4 日，欧洲核子研究中心宣布发现希格斯玻色子，比利时物理学家弗朗索瓦·恩格勒特 [François Englert] 和希格斯因此共享了 2013 年诺贝尔物理学奖。——出版者注

夸克味

夸克的味要比轻子味更多。六种轻子两种一组被分成三组，每组一种味（电子味、μ 子味和 τ 子味），而六种夸克则每种都有自己的味。因此，可以将夸克味不十分准确地表示成上、下、粲、奇、顶、底。这些夸克味在强相互作用（以及电磁相互作用）中是守恒的。例如，考虑两个质子碰撞产生一个质子、一个中子以及一个正 π 介子的过程：

$$p+p \rightarrow p+n+\pi^{+}$$

这里只涉及上夸克和下夸克。根据夸克组成，这一反应可写为：

$$uud+uud \rightarrow uud+udd+u\bar{d}$$

初态有四个上夸克和两个下夸克，末态有四个上夸克、三个下夸克以及一个下反夸克，因此味平衡（反夸克计为负味）。再举一个例子，质子－中子碰撞产生奇异粒子：

$$p+n \rightarrow n+\Lambda^{0}+K^{+}$$

根据夸克组成，该反应可写为（s 表示奇夸克）：

$$uud+udd \rightarrow udd+uds+u\bar{s}$$

三个上夸克和三个下夸克产生了三个上夸克、三个下夸克、一个奇夸克以及一个奇反夸克，味再次平衡。

这两个例子都与强相互作用有关。这些反应发生的概率很大，所以我们可知强相互作用在发挥作用。但是如果考虑一个 Λ 粒子的衰变，这是一个由弱相互作用控制的缓慢过程：

$$\Lambda^{0} \rightarrow p+\pi^{-}$$

根据夸克组成，该衰变过程可表示为：

$$uds \rightarrow uud+\bar{u}d$$

这里奇夸克消失了，取而代之的是一个下夸克。因此，弱相互作用破坏了夸克味守恒定律——由此可知，它是一种部分守恒律。

同位旋

同位旋概念的提出要上溯到 20 世纪 30 年代。在 1932 年发现中子之后不久，有证据表明，尽管电荷不同，但中子和质子存在很多共同点，它们有几乎相同的质量，并且似乎都有一样的强相互作用，因而质子和中子逐渐被当成更基本的粒子——核子的两种状态，在数学处理上就类似于 1/2 自旋的粒子的两种自旋取向状态（因而称为同位旋，实际上与自旋无关）。后来发现了其他粒子的“多重态”，例如 π 介子三重态和 ξ [克西] 粒子的双重态（还有一些单重态，比如 Λ 粒子的单重态）。同位旋守恒定律表明总同位旋可分配给任意粒子群，并且当粒子强相互作用时，同位旋保持不变。但是如果粒子发生电磁相互作用或者弱相互作用，同位旋将会发生变化。这一思想如果以不变性原理的方式进行重新表述就更容易理解了。在不变性原理的表述中，这一守恒律可表述为同种多重态的状态之间可以相互替换，而强相互作用保持不变。例如，该定律预言质子和中子有相同的强相互作用，与正、负以及中性 π 介子的强相互作用完全一样——这一结论同样也可通过夸克味守恒定律得出。这里将同位旋作为单独的概念分开来进行讨论，一方面是考虑到其历史，另一方面也是由于它能处理实际观测到的粒子，但不能处理尚未观测到的夸克。同位旋不变性在电磁相互作用中是明显违反的，这是给定多重态的粒子所带电荷不同造成的（在质量上也略有不同）。

宇称守恒和电荷共轭（P 和 C）

直到 20 世纪 50 年代中期，物理学家们才并非像通常那样谨慎地将 T、C、P 这三个不变性原理视为绝对有效的公理。这些原理在强相互作用和电磁相互作用下都已得到检验。作为如此可爱的原理，它们也必须同样在弱相互作用下有效——至少看起来是这样。1956 年，当两位华裔美国理论物理学家李政道（时年 29 岁，在哥伦比亚大学）和杨振宁（时年 33 岁，在普林斯顿高等研究院）指出，在弱相互作用下宇称守恒的有效性尚无实验证据支持时，所有物理学家都陷入了极度困窘。李政道和杨振宁认为宇称破缺有助于消除粒子数据中已经出现的一些异常，[*] 并号召实验学家们对宇称守恒的有效性进行验证。同年，李政道在哥伦比亚大学的同事吴健雄 [**] 开展了相关实验，并于次年得出实验结果，验证了作为“公理”的宇称守恒并不绝对成立。几乎同时，其他研究小组也使用其他方法进一步确认了她的发现。

宇称守恒（或者说空间反演不变性）可表述为：一个可能发生的过程，其镜像过程也是可能的。假如你在镜中看本页，你看到的是反向的字——确实并非常态，但也不是不可能。反写体可以很容易地想象出来并且写出来（在镜中看就又成了正常体），比如在救护车上如果写上

救护车

在镜子中看到的就仍然是正体。空间反演不变性在日常世界中仍然是成

---

* 质量及其他性质相同的两个粒子似乎具有不同的宇称，我们现在知道这些“粒子”是一种单粒子，即 K 介子。1955 至 1956 年间，我离开印第安纳大学前往德国，在德国的那一年中我与世界上其他理论工作者一样为这一问题而深感困惑。与几乎所有其他人一样，我认为宇称是否守恒不应该受到怀疑。

** 杨振宁的所有同事都称他为“弗兰克 [Frank]”，李政道被大家称为“T.D.”，吴健雄（1997 年去世，享年 84 岁）则被很多人称为“吴夫人”（尽管她的亲朋好友都称她为“健雄”）。

立的，你在镜（平面镜）中看到的可能跟以前所见有所不同，或许很奇怪，但决非不可能——它不违反任何物理规律。另一种理解空间反演的方法则是设想看一部画面左右反转的电影，你很容易就能知道这部电影的画面是颠倒的，你或许会注意到演员十有八九是左撇子，或者里边的男士都是从右往左扣衬衫扣子，抑或看到美国的汽车都变成了右侧驾驶，而所有签名都是反写体。但是你会得出结论，在你所看到的这个颠倒的图像中，没有什么是明显不可能的。

相比之下，吴健雄所做的实验的镜像却是不可能的过程。她和她的小组将旋转的钴 –60 原子核* 排列在极低温的磁场中，如图 26 左图所示，假如你的右手四指弯曲表示原子核旋转方向，那么你右手大拇指就指向自旋轴方向，你可以说原子核的“北极点”在顶部。吴健雄和她的小组观察到钴原子核（设想有许多这样的原子核）β 衰变发射出的大部分电子都射向下，也就是“南极点”的方向。图 26 的右图给出了这一过程的

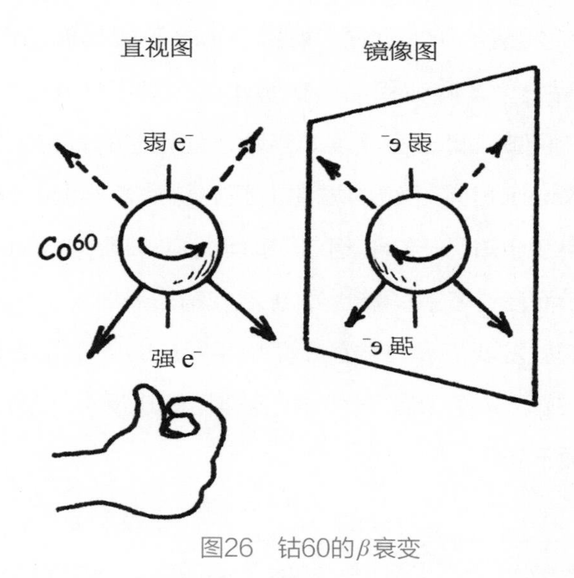

图26　钴60的β衰变

* 钴 –60 是一种广泛应用于医学的同位素，作为核爆炸的产物，钴 –60 还会对健康产生危害。

镜像：钴原子核的北极点在底部（还是让你的右手确定自旋轴向），而电子则主要是射向北极点方向。但这与实验观测到的完全不符，也就是说这一过程的镜像是不可能出现的。在弱相互作用下，宇称不守恒。

这一实验看起来似乎简单而直接，那为什么没有早些实现呢？部分原因是没有人认为需要做这个实验，另一部分原因则是这个实验实际实现起来要比我们所讨论的艰难得多。如果磁场不够强，如果温度达不到极低（约为绝对零度以上百分之一度），原子核就无法排成一行。* 它们将来回翻动，向上自旋和向下自旋一样多。这样虽然每个原子核都是相对于自己的自旋沿一个方向发射电子，但在实验中将会观测到电子均匀向上和向下出射。

1957 年 1 月 4 日，哥伦比亚大学物理学家小组在大学附近的中国餐馆举行了每周例行的午宴聚会，李政道向研究小组报告了他从吴健雄那里了解到的最新情况：在吴健雄的实验中，排列起来的钴 –60 核不对称地向外发射电子。利昂 · 莱德曼（之后因其他工作获得诺贝尔奖）意识到另一个李政道和杨振宁所建议的对宇称守恒的检验实验可在哥伦比亚的回旋加速器上实现。当晚，他和他的研究生马塞尔 · 温瑞克 [Marcel Weinrich] 前往纽约城北的回旋加速器实验室启动了这一实验，他们还电话通知了一位年轻的同事理查德 · 加温 [Richard Garwin]（他由于出外旅游而错过了午宴聚会），加温在第二天加入了他们的研究。仅三天后，他们就发现了 μ 子中微子是单手螺旋的（要么左手螺旋，要么右手螺旋），并且 μ 子中微子的弱相互作用既违反空间反演不变性，也违反电荷共轭不变性。**

---

* 吴健雄和她的小组并不是在哥伦比亚大学而是在位于华盛顿的美国国家标准局 [National Bureau of Standards] 搭建了这一实验，在那里可以获得实验所需的低温。

** 当年实现该实验时，尚不知道 μ 子中微子与电子中微子的区别，正是在发现了 μ 子中微子的不同之后五年，莱德曼分享了诺贝尔奖。

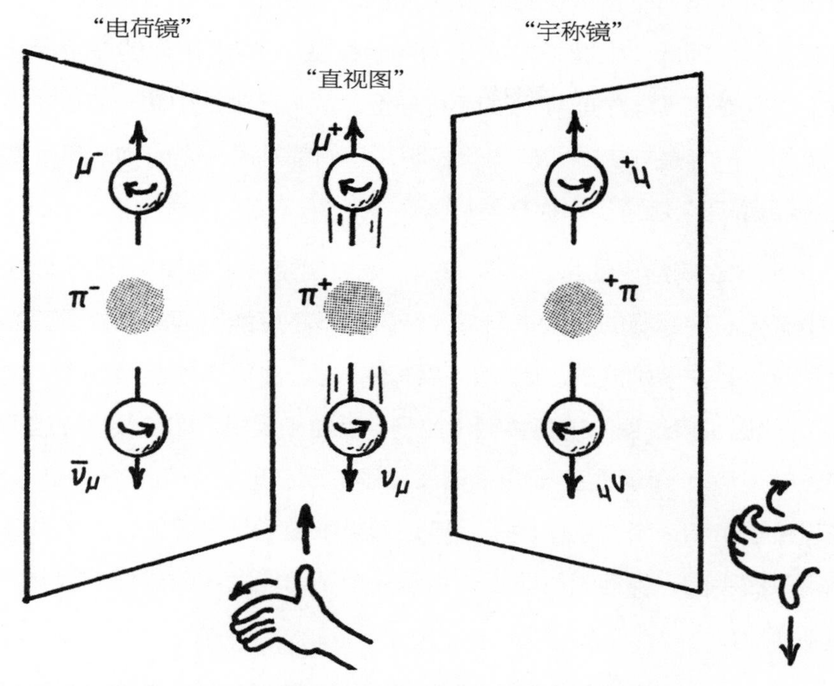

图27　正π介子在“电荷镜”和“宇称镜”中的衰变

莱德曼和他的同事在哥伦比亚的回旋加速器上产生了正 π 介子，并对这些 π 介子衰变成 μ 子和中微子的过程以及随后的 μ 子衰变成电子和更多中微子的过程进行了研究。正 π 介子的衰变如图 27 中间部分所示，阴影圆表明 π 介子在衰变前所处的位置，从那一点向上出射的是正 μ 子，实验学家们发现（在实验误差之内）正 μ 子总是单手螺旋的。* 用你的左手四指弯曲表示 μ 子转动方向，那么你左手大拇指所指即为 μ 子运动方向。现在来看两个守恒律，即动量守恒和角动量守恒。由于动量守恒，所以不可见的中微子应该是沿着与 μ 子相反的方向向下飞行；由

* 哥伦比亚的研究小组通过测量 μ 子接连发生的衰变的性质测定了 μ 子的自旋取向，这里我不打算追述他们实验的情形。

于角动量守恒（注意初始的 π 介子无自旋），中微子的自旋必须与 μ 子自旋相反。因此，中微子与 μ 子为同手螺旋。（再次用你的左手检验中微子的自旋和飞行方向。）假如宇称守恒，那么产生的中微子应该一半是左旋的，一半是右旋的。但实验表明，它们都是沿一个方向的单手螺旋（也就是说完全违背了宇称守恒！）。

图 27 右侧给出的是一个常规镜，或者说是“宇称镜”。你可以在该镜中看到右手螺旋的中微子向下飞行，这是不可能出现的景象，因为中微子应该是左手螺旋的。因此，宇称不守恒。在该图左侧是一个“电荷镜”，给出了该过程的电荷共轭（粒子 – 反粒子反演）的结果。在电荷镜中，一个负 π 介子（正 π 介子的反粒子）衰变成一个负 μ 子（正 μ 子的反粒子）和一个左手中微子。但是如果中微子是左手的，反中微子就肯定是右手的。电荷镜所显示的也是一个不可能发生的过程，因此，电荷不守恒。

重申一点：在这些实验中揭示出的宇称不守恒和电荷不守恒都只是对于弱相互作用而言，主要涉及带电 π 介子衰变、μ 子衰变以及 β 衰变。对于电磁相互作用和强相互作用，宇称守恒和电荷守恒都仍然是成立的。

时间反演和宇称电荷（T 和 PC）

图 28 所示是一个“电荷宇称镜”，既交换左右，也交换正反粒子。考虑一个正 π 介子衰变成一个正 μ 子和一个左手中微子的过程，

$$\pi^{+} \rightarrow \mu^{+}+\nu_{\mu \mathrm{L}}$$

如果通过电荷宇称镜观察，则变为：

$$\pi^{-} \rightarrow \mu^{-}+\bar{\nu}_{\mu \mathrm{R}}$$

即负 π 介子衰变成一个负 μ 子和一个右手中微子，这是确实能观察到

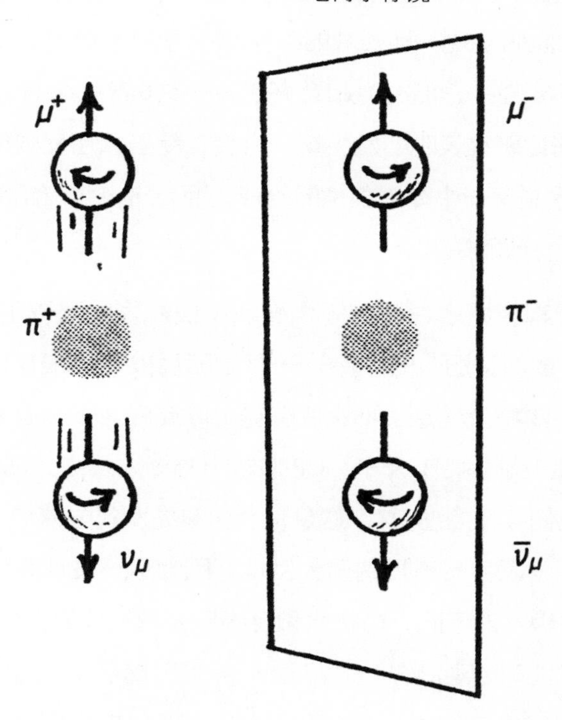

图28　正π介子在耦合"电荷宇称镜"中的衰变

的负 π 介子的真实衰变，因此表明宇称电荷守恒对于弱相互作用是成立的，从而对于所有相互作用也都是成立的。如果确实如此，又进一步考虑到已有强有力的证据表明，所有三种不变性耦合的时间电荷宇称不变性（TCP）是绝对有效的，那么时间反演不变性，或者说 T 不变性也应该是绝对成立的。

1957 年的惊人发现之后，尽管在弱相互作用下，宇称守恒和电荷守恒各自不再成立，但物理学家们仍习惯性地认为宇称电荷耦合（PC）以及时间反演（T）和时间电荷宇称不变性（TCP）都是绝对成立的。这一修正后的信念仅仅维持到 1964 年，两位在长岛布鲁克海文加速器工作的普林斯顿物理学家瓦尔·菲奇和詹姆斯·克罗宁 [James Cronin] 再次震撼了物理学界。他们发现一种长寿的中性 K 介子（寿命长达 5×10^{-8} 秒）本应衰变成三个 π 介子，但有时却会衰变——500 次中会有一次——成两个 π 介子。理论研究表明要发生这一衰变，就必须违反电荷宇称守恒（CP 不变性），这是又一个令人震惊的发现，而且进一步暗示时间反演不变性也并非绝对有效的原理。

这一由菲奇和克罗宁发现的守恒破缺（他们因此获得了 1980 年的诺贝尔奖）是"弱而又弱"的破缺——尽管随后被验证在 B 粒子的衰变中非常强。所谓 B 粒子就是一种由底夸克（或反底夸克）组成的很重的（质量为 5 279 兆电子伏特）介子。CP 破缺十分令人震惊，瓦尔·菲奇想表达那正是"我们存在的理由"。这是一个比早先发现电荷和宇称守恒分别破缺更让物理学家手足无措的重大发现，因为这一发现表明物质和反物质之间存在着根本的不同，由物质和反物质分别组成的世界完全不同。正因为这样，对地球的观测——原则上——可以揭示出远方的星系是由物质组成还是由反物质组成。迄今为止，尚未发现反物质星系。大量证据表明我们的宇宙完全由普通物质组成。根据现在的理论，在大爆炸之后的瞬间，产生了接近等量但并非完全等量的质子和反质子。这些粒子处在炽热的稠雾中，并在反复碰撞中大量湮灭，剩下的比反物质略多的正物质形成了我们所居住的宇宙，正反物质之差不超过十亿分之一。假如没有 CP 破缺，那么理论上可得出将会产生完全等量的正反重子（或完全等量的正反夸克），它们必将完全湮灭，而残余的宇宙将会由光子或许还有中微子组成。在这种宇宙中，不会有星系，不会有恒星，也不会有我们。

对称性

“对称”是我们常用的词汇，通常表示“平衡”，或者“协调”，有时还表示“美”。对数学家和物理学家来说，对称同样具有这些特点，不过他们是这样定义的：如果某种事物的一个或者多个性质在其他性质改变的情况下保持不变，那么这种事物就具有对称性。

一段长直铁轨具有一种平移对称性，假如你沿着它的长度方向将远处一节取下代替它（或沿长度方向改变观察点），它没有任何变化。正方形具有转动对称性，假如你将一个正方形转动 90 度（或者 90 度的任意倍数），它将回到原来的样子。圆具有更完全的转动对称性，将一个圆转动任意角度，它都保持不变。毫无疑问，这种对称性在亚里士多德以及其他古代先贤的思想中扮演着非常重要的角色。在他们看来，圆是最完美的平面图形。一个左右完美平衡的面具具有空间反演对称性，你无法

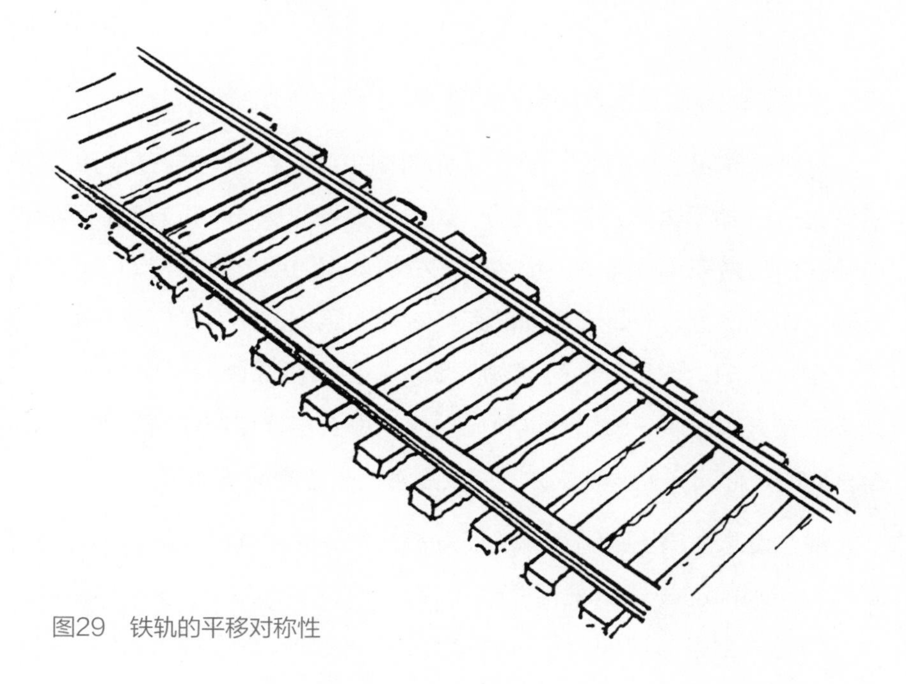

图29　铁轨的平移对称性

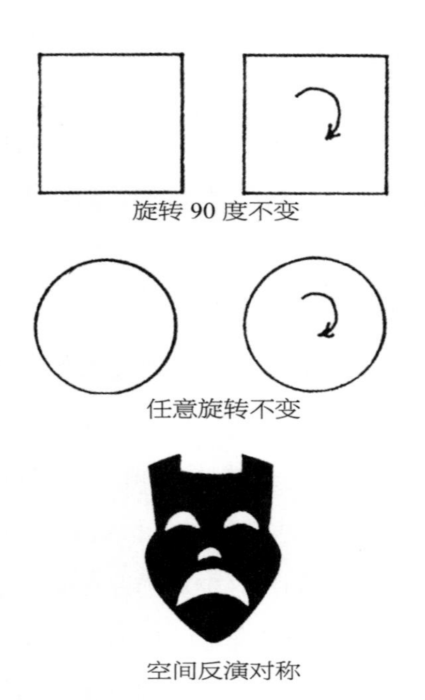

图30　对称的种类

辨认你看到的是面具本身还是它的镜像，因为它们完全相同。

设想在你闭上眼睛的时候一位朋友制造了变化——或者是可能制造了变化——然后再睁开你的眼睛。如果你看到的是一个正方形，而它在你睁眼前后是完全一样的，那么你无法辨认你的朋友是否转动了这个正方形。如果你看到的是一个面部完美对称的照片，而它在你睁眼前后也是完全一样的，你也无法辨认你的朋友是否用镜像替换了原来的照片。如果你在火车最后一节沿着铁轨向后看，那么它肯定在你睁眼前后是完全一样的，你同样无法辨认你的朋友是否让火车向前移动了。

现在设想你闭上眼睛和你的朋友都处在空旷空间的深处，当你睁开眼睛时，眼前的一切似乎都完全一样，你还在原地吗？或者你移动了吗？你无法回答。这说明了一种被称为空间均匀性（对此我们已有充分证据）的对称性。空间各处皆相同，没有优先方位。但是说所有一切“似乎”都相同是什么含义？你在宇宙飞船中满载实验仪器开展实验，看看实验结果是否会跟之前有所不同。不会，所有的结果都将完全相同。现在你的朋友揭示出你已经发生了移动。你可以得出结论，自然规律在不同空间中完全相同。你的努力已经得出一个重要关系：

不变性 ⟷ 对称

我们所说的空间均匀性体现在对称性上就是自然规律的不变性。物理学家们认为这表明了一种普遍的联系——所有不变性原理都与一个对称性原理相联系着。大多数情况下，这一联系很容易发现。例如，如果镜像世界与相应的真实世界具有完全相同的性质（空间反演对称），那么自然规律就具有空间反演不变性。（我们知道实际上只是有些规律具有这种不变性。）许多情况下，对称和不变是几乎一样的概念，对于那些具有对称性不变“性质”的自然规律而言确实是如此。

还有一个微妙的关系：

对称 ⟷ 守恒

1915 年，哥廷根大学客座研究员、讲师艾米 · 诺特 [Emmy Noether]* 证明了一个值得注意的理论。从那时起，该理论就成为数学物理的重要支柱。她给出对于所有连续对称性，都有一个相关的守恒律。（与铁轨、转动正方形，或者对称面部的“分立对称”不同，连续对称性是与条件任意大小变化有关的对称。）对称性变成了将不变性原理和守恒律粘连在一起的“胶水”：

---

* 伟大的哥廷根数学家大卫 · 希尔伯特 [David Hilbert] 为了能将艾米 · 诺特安排到合适的学术岗位而与校方进行了四年的斗争。因为艾米 · 诺特是犹太人，所以她在 1933 年失去了这个职位，之后她前往美国宾夕法尼亚州的布林莫尔学院，并一直在那里担任教授，直到 1935 年去世。

为说明这一思想，我首先尝试对动量守恒如何与空间均匀性（这是一种连续对称性）联系在一起进行解释。

我从桌上的一本书说起。任何书都可以，但是桌子一定要特殊：纯平并且完全无摩擦。然后我可以忽略掉所有与重力有关的问题，因为重力对书在水平面的移动毫无影响。我小心地将书放在桌子上以保证它无运动。它保持静止。这似乎是合理的，甚至是“显而易见”的。现在我提出一个问题：已知这本书包含了数万亿原子，这些原子彼此相互作用，某些在一个方向，某些在另一个方向，有些很强，有些很弱，那么发生了什么，使书本内这些原子间的所有相互作用所产生的效果都神奇地消失了？牛顿在 300 多年前就利用我们现在称为牛顿第三定律的强制律回答了这个问题，该定律认为自然界所有力都成对出现。你可能也曾经听到过这样的表述：对所有作用力，都有大小相等方向相反的反作用力。假如原子 A 对原子 B 施加力的作用，那么原子 B 也对原子 A 施加等值反向的作用力，所有这些力成对出现，叠加（矢量叠加）为零。原子 A 在运动，原子 B 也在运动，但是这本书——所有原子的集合——却没有运动。

对静止书本“问题”的一种现代解决方法则是寻找一个对称性原理，实际上，这是牛顿第三定律能够成立的更深层的原因。这种对称性就是空间均匀性。相关的不变性原理是说自然界的规律在所有方位都完全相同。这可推出这样一个结论，即孤立物体的运动与物体所在位置无关。桌面上的书在某种意义上就是孤立物体，在水平面上任何方向都没有外界作用施加于它。设想这本书在 X 点静止，并“决定”开始运动，随后它通过了 Y 点，它在 Y 点的运动状态，与它在 X 点静止的运动状态是不同的，这不符合最初的对称性原理。假如书开始运动，那么它的运动状态就会与它的位置有关。因此，要阻止它运动的“企图”，让它保持静止。

可以用合理的数学方式进行这一讨论：如果空间是均匀的，那么运动的动量不能自发改变。假如这本书不受外界任何影响，静止在一个位置，然后在另外一个位置运动，那么它的动量就发生了变化，它的动量就不守恒了。假如它最初是静止的，动量守恒将禁止它运动。另一方面，假如刚一放在桌面上它就在运动，那么它将以相同的动量保持这一运动。因此，运动与所处的位置是无关的。

空旷空间各处无动于衷的相同性解释了动量守恒。这一思想让人晕眩，但它确实如此。空间的平凡性使牛顿第三定律成为必然，对称性方法更深层的含义就是动量守恒，这是经典物理中一个非常有效的原理，在相对论和量子力学等现代理论中也同样有效。而按照作用力和反作用力表述的牛顿第三定律则需要做一些改变，它只能直接应用于经典物理，而不能直接应用于现代物理。

角动量守恒与另一种空间对称性相关，即空间的各向同性，也就是说在空间中没有特殊方向。如果在遥远空间中远离磁场和其他外界影响的罗盘针，要自发开始转动，那么它的角动量将随之发生变化，而它的运动则表明空间的方向并非完全等价。更显而易见的是，能量守恒与时间对称性以及物理规律相对于时间的不变性有关。因此所有这三种与运动有关的守恒律——动量、角动量以及能量——都简单地依赖于时空是完全统一的、各处相同的这一事实。*

物理学家们现在相信所有守恒律最终都依赖于一个对称性原理，他们已经对电荷守恒证明了这一点。与电荷守恒有关的对称性是，当带电粒子波函数中某些不可观测量发生改变时物理结果的相同性，但是对于

---

* 相对论已在四维时空内将这三个定律整合成为一个单独的守恒律。

某些粒子的守恒律，其潜在的对称性尚未发现。

人们或许可以合理地认为，基于空间性质以及其他对称性的守恒律是物理规律最深刻的表述。另一方面，正如著名数学家和哲学家伯特兰·罗素 [Bertrand Russell] 曾经说过的 *，守恒律或许只是“公理”，因为他认为守恒量只是按照必须守恒的方式定义的一种量。我倒愿意认为这两种观点都是正确的。假如科学的目的是使用最简单的基本假设对自然进行自洽的描述，那么拥有如此基本甚至“显而易见”的基本假设（比如时空统一），以至于从中得到的规律都能被称为公理，还有什么会比这更令人满意呢？科学家往往将最简单和最普遍的称为最深刻的，却不屑于将一个公理称为深刻。不考虑有关定义的任意性，难道就不能在所有的变化过程中发现某个保持不变的量吗？

守恒律是否就是描述自然的全部，发生的所有过程——所有描述变化的规律，所有强制律——是否都显示出依赖于守恒律或者最终都显示出依赖于对称性，这些依然是尚待解决的问题。

---

* 伯特兰·罗素，《相对论之 ABC》[*The ABC of Relativity*]（纽约：美国新图书馆，1959 年）。

波和粒子

你有波长吗？如果有，它比粒子的波长大得多还是小得多？

为什么物理学家说粒子越轻，运动得越慢，它的波动性就越明显？

当光子从一个地方传播到另一个地方时，它更多的是表现为波还是粒子？

是什么限制了你可以在显微镜下看到的物体有多小？

……

在第一次世界大战之前，路易–维克多·德布罗意 [Prince Louis-Victor de Broglie] 作为法国的一名大学生，最初是怀着成为外交使节的梦想学习历史专业的，之后他对理论物理发生了浓厚的兴趣，放弃了原来的历史研究，并于 1913 年在 20 岁时获得了物理学学士学位。正是那一年，尼尔斯·玻尔发表了他的氢原子量子理论。后来，德布罗意在 1929 年的诺贝尔奖演讲中提到，他当时被“正在蚕食整个物理学领域的量子概念的奇异深深吸引”。

从军队服役归来之后，德布罗意开始了他在巴黎大学的研究生学习，并于 1924 年发表了具有革命性思想的博士学位论文。“在量子世界，”他说道，“波就是粒子，粒子就是波。”这是一个具有生命力的思想。波粒二象性始终是量子物理的核心思想，德布罗意后来说是两条思路让他提出这一思想的。一是科学家们逐渐意识到 X 射线既显示出波动性，又显示出粒子性。直到 1923 年亚瑟·康普顿实现 X 射线被原子中电子散射的实验，大部分物理学家才勉强接受爱因斯坦的光子学说。（甚至 1924 年时对于玻色而言，光子仍然只是一个假说。）毫无疑问，X 射线是电磁波，显示出衍射和干涉等标准的波动性。康普顿的工作——和被称为光电效应的现象一样，单个光子从金属表面打出电子——对电磁波也具有“微粒的 [corpuscular]”性质（这里使用了当时的术语）进行了解释。假如波（如 X 射线）能显示出粒子性，德布罗意沉思到，为什么粒子（如电子）就不能显示出波动性？

德布罗意还注意到，在经典世界中，波是量子化的，而粒子却不是。他意识到钢琴和小提琴的琴弦、风琴管中的空气以及许多其他与波动有关的系统都是以一定频率而非任意频率振动，但在经典世界中却没有这样量子化的粒子，这让他想进一步了解，在原子内观测到的能级的量子化是否就是振动“物质波”的结果——原子是否就像一种乐器？

克林顿·戴维逊 [Clinton Davisson]（1881—1959）和莱斯特·革末 [Lester Germer]（1896—1971）拿着1927年电子衍射实验中所使用的真空管。承蒙朗讯科技 [Lucent Technologies] 的贝尔实验室及美国物理联合会塞格雷视觉档案室许可使用照片

这使得德布罗意提出电子——以此类推包括其他粒子——具有频率和波长等类似于波的性质。三年后的 1927 年，美国贝尔实验室的克林顿·戴维逊 [Clinton Davisson] 和莱斯特·革末 [Lester Germer] 以及英国阿伯丁大学的乔治·汤姆生 [George Thomson]（电子发现者约瑟夫·约翰·汤姆生的儿子）分别在电子束轰击晶体的实验中观测到衍射和干涉效应（如图 31），从而验证了电子的波动性。他们可根据实验观测图形测出电子波长。不过在这一验证之前，理论学家们就已经接受了电子波动性的思想。例如，1926 年奥地利物理学家欧文·薛定谔就提出了一个波

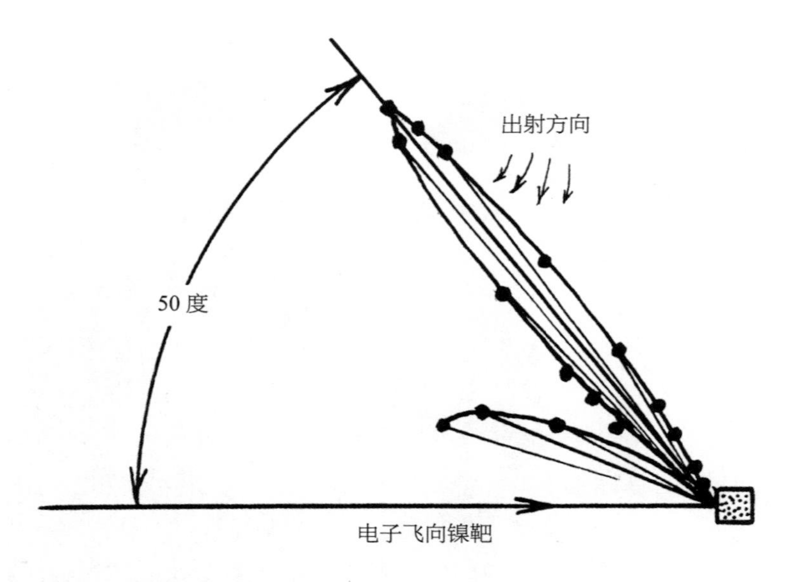

图31　戴维逊和革末的实验结果显示，54电子伏特的电子在与镍晶体碰撞后，由于电子波的衍射和干涉，大部分出现于某一特定方向。照片选自《诺贝尔演讲之物理篇》[*Nobel Lectures, Physics*]（阿姆斯特丹：爱思唯尔，1965年）

动方程，该方程应用于氢原子可得到实验观测到的量子化能级，证实了德布罗意对于能量量子化的“原因”的推测。*

不难发现，对于物理学家们而言，波粒二象性最初是一个非常令人不安的思想。波和粒子似乎是没有什么共同点的不同概念。几乎所有人都很熟悉日常世界中的波和微粒。在多数情况下，棒球、网球、高尔夫球或者灰尘（或者在空间飞行的小行星）都是某种微粒。它们都很小（相对于它们周围我们所感兴趣的尺度）；它们都有质量；在不同时刻它们都具有确定的位置；并且它们都有动量和能量。你周围世界中的波包

* 波粒二象性产生了一大批诺贝尔奖：1921 年爱因斯坦因光电效应而获奖，1927 年康普顿因“康普顿效应”（光子被电子散射）而获奖，1929 年德布罗意因发现电子的波动性而获奖，1933 年薛定谔因提出了“原子理论的新形式”（他的波动方程）而获奖，1937 年戴维逊和汤姆生因晶体的电子衍射而获奖，1954 年马克斯·玻恩因波函数的统计解释而获奖。

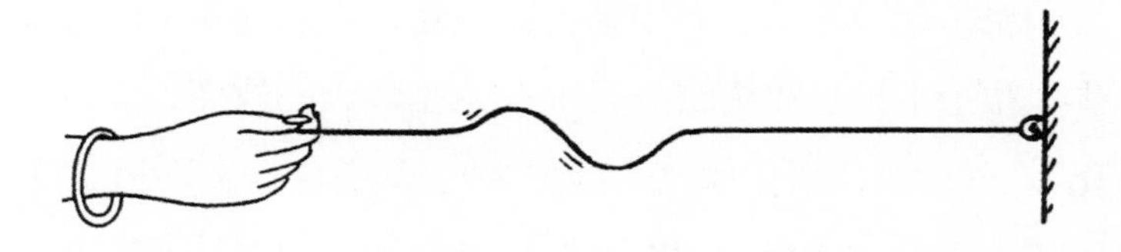

图32　在绳子中运动的一个"定域"脉冲

括水波、声波、无线电波以及光波。一列水波可以展示出波的一些本质特征：它不小，因为它向四周扩散；你无法指出它所处的确切位置（尽管它可以处在一定区域内）；它振动；它有波长，即相邻波峰或相邻波谷之间的距离；* 它有频率，即单位时间内的振动次数；它还有波幅，即振动的强度。它可能是一列行波，具有波速；也可能是驻波，振动不向外传播，就像吉他弦的振动或者是长笛内空气的振动（或者如浴缸内来回溅起的水波）。假如它是行波，它的传播速度与它所携带的能量多少无关。**

因此，微粒（在经典宏观世界中）是定域的，而波动则不是。波有波长、频率和波幅，而微粒（显然）没有。一个微粒运动时是从一个地方到另一个地方。一列波尽管也会传播，但它不会拖拽材料一起向前运动。（水波中的水或者声波中的空气在这些波传播的过程中都是相对于一个固定位置作振动。）微粒的能量越高则运动就越快，而（已知形式的）波无论能量大小都以相同的速度传播。但经典波动和微粒也有一些共同点，它们都可以将能量和动量从一个地方传递到另一个地方，并且波至少也是部分定域的，想想一端固定的绳子中的一个单脉冲，或者教堂里风琴琴管的回音。

---

* 由于水主要是上下振动，垂直于水波的运动方向，因此水波被称为是一种横波。无线电波和光波也都是横波。声波是一种纵波，即其往复振动平行于波运动的方向。纵波也有波峰（即平均密度之上的部分）和波谷（即平均密度以下的部分），因此纵波有明确的波长、频率和波速。

** 波速不依赖于波能量的规则对于光波精确成立，对于大部分其他的波也是非常好的近似。冲击波则是反例，冲击波能量越大，其速度就越比普通声波快。

由于波和粒子在亚原子世界中结合在一起，所以这两个概念都得稍微做些让步。粒子不再是完全定域的——这是最大的改变，而波则变得更“物质化”。振动的物质实体是一种“场”，具有能量和动量。这与 19 世纪及以前所提出的非物质的“以太”是不同的，波在某种程度上像粒子一样可以部分定域。

德布罗意公式

德布罗意在他的博士论文中引入了一个非常简洁的公式，其重要性已被证实并不亚于爱因斯坦的质能方程 $E = mc^2$，该公式可表示为：

$$\lambda = \frac{h}{p}$$

左侧为波长 λ，右侧为普朗克常数 h 除以动量 p。（在经典理论中，动量是质量与速度的乘积，$p=mv$，因此一个物体质量越大或者运动越快，它的动量就越大。而根据相对论，一个粒子即便没有质量也可以具有动量。*）德布罗意公式的“等”号将波动性质（波长）和粒子性质（动量）联系起来，使经典上看起来几乎没有什么联系的两个概念融合在一起。这说明这一联系正是量子联系。

任何公式，包括德布罗意公式，都不仅仅是总结思想，还要提供计算的方法。例如，若已测得一束电子的波长，物理学家就能计算出这束电子的动量。如果知道一束中子的动量，那么研究者就可以计算出其波长。

动量出现在德布罗意公式右侧的“楼下”（也就是分母）具有重要意义。这表明动量越大，波长就越小，这也正是现代加速器建造得如此之大、花费如此之高的原因之一。研究者们如果想使用非常小的波长去探

* 相对论对于无质量粒子的动量定义是 $p=E/c$，这里 E 是粒子的能量，c 是光速。

测最微小的亚原子距离，那么他们就必须把粒子加速到具有巨大的能量和很高的动量。

根据玻尔的氢原子理论，原子内处在最低能态（基态）的电子将以大约每秒 200 万（2×10^6）米的速度运动。可以用这一速度与电子质量相乘得到电子的动量，然后通过德布罗意公式计算出电子的波长，答案是 3×10^{-10} 米。由于这一波长与使用玻尔理论计算出的氢原子最低能态轨道周长完全一样，德布罗意深受鼓舞，他从中得到了自加强原理的启示。这一原理认为电子绕核作轨道运动一周，电子波恰好完成整数次振动，从而波峰相遇，互相加强。电子的波动性似乎突然间能够对这种运动状态所具有的尺度和能量进行解释了。按照这一思路，任何其他波长都将无法波峰与波峰相遇。实际上，在多周轨道运动之后，波将自己逐渐消失（如图 33 左侧所示）。

正如上面所描述的，德布罗意关于波沿着轨道运动的想法太过简单。经过充分发展之后的量子力学表明，原子中的电子波是三维的、弥散于整个空间的，并不仅仅是沿着一个轨道分布。因此，对于电子，就必须将它视为是展开分布的，而非沿着特定轨道运动的。但是，德布罗意对

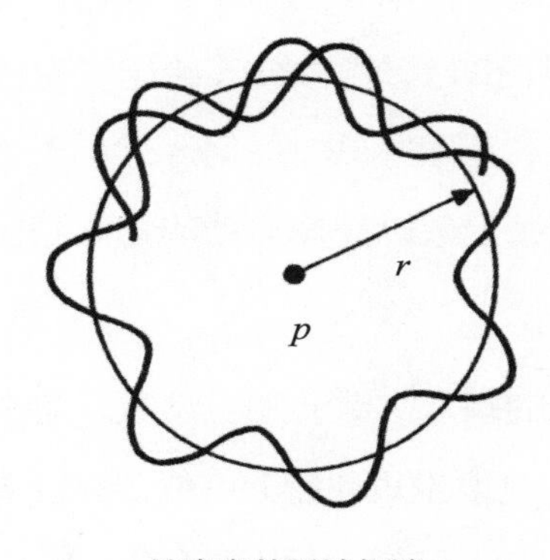

波自身的干涉相消

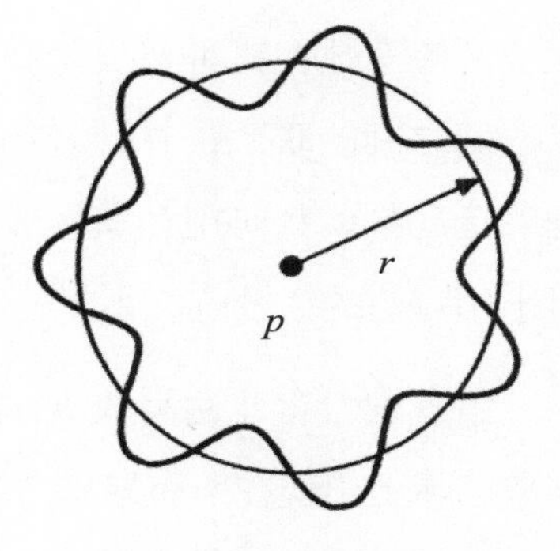

波自身的干涉相长

图33　德布罗意关于波自身的干涉的想法

于波长的正确计算给出了氢原子的近似尺度，并进一步开启了按照展开波理解原子的大门。

那么人呢？我们也有波长吗？是的，但是小到无法测量，我们的波长所表现出的这种“模糊”是由于我们的波动性极小造成的。一个以1米/秒速度散步的人，波长约为10^{-35}米，要比单个原子核的尺度小得多。为什么这么小？是因为一个人的动量（与一个电子相比）太大了。是的，人的速度很小，但是相对于单个粒子的质量来说，人的质量就是无穷大了。那么对于较小和较慢的物质又怎样呢？没有太大变化，一只1克的小虫以每年1米的速度爬行，它的波长约为10^{-23}米，仍然是小到无法测量。因此，人和棒球，甚至细菌，都有精确的边缘和不可分辨的波动性，但是占据每个原子大部分空间并且使得人类、棒球以及细菌不会瓦解的却正是电子的波动性。

学习一个公式与欣赏和理解公式是不同的。任何人都能在很短的时间内记住公式$E = mc^2$和$\lambda = \frac{h}{p}$，但是这两个公式的真实意义是什么呢？为什么它们如此重要？为了学会“感受”它们的意义，我们来比较一下这两个公式。爱因斯坦的质能方程是相对论的基本方程之一，德布罗意粒子波公式则是量子理论的基本公式之一。前者包含了普遍常数光速c，该常数在某种意义上可以说是相对论的基本常数：c给出了空间和时间之间的联系，并且设定了相对论的“范围”——任何远远小于光速的运动物体都可用经典物理描述，任何接近或以光速运动的物体则显示出相对论的新效应。

后者则含有普遍常数h，即量子理论的基本常数普朗克常数，这个常数实际上出现在所有量子方程中；$h/2\pi$是度量角动量的单位，并且h给出了亚原子世界的“范围”——它决定着粒子的波长和原子的尺度。

在爱因斯坦的方程中，E和m都被称为变量，因为与c不同，对于不同的粒子它们可取不同的值。同样，λ 和 p 则是德布罗意公式中的变量。最为重要的是这两个公式都通过对物理量的综合，为研究自然提供了新的视角。质量和能量在爱因斯坦的工作之前，被认为是完全不同且毫不相关的两个概念，但通过爱因斯坦方程就可表示为一个简单的比例关系。德布罗意公式则为波长和动量提供了类似的综合，在德布罗意的工作（尽管是受光子假说的启发）之前，这两个量也被认为是完全不同且毫不相关的。

这些变量在公式中出现的位置极为重要。爱因斯坦方程中 m 出现在楼上，说明质量越大能量就越高，或者反之，产生的质量越大需要的能量就越多。正如早先我提到的，德布罗意公式中 p 出现在楼下，表示一个粒子具有的动量越大，其波长就越短。粒子越轻或者运动得越慢，它的波长就越长，因而它的波动性就越明显。

最后，两个公式中常数的大小也十分重要：相比于日常宏观世界中所遇到的“正常”大小，c 很大而 h 很小。由于 m 要乘上 c^2 这个很大的数，所以对于以人类为中心的世界而言，一点点质量就对应着很大的能量，日常世界中能量的巨大改变所造成的质量变化小到无法察觉。（1 克质量聚积的能量足以产生 1945 年广岛的核爆炸。）

由于 h 非常小，我们很难感受到量子波动性，正常动量对应的波长小到可以忽略。这些常数的大小与后来出现在人类视野中的相对论和量子力学理论息息相关。正是因为这些理论的基本常数与普通的人类经验相去甚远，所以在实验技术的观测范围扩展至远远超出人类直接感知范围之前，科学家们是不大可能提出这些理论的。

迄今，已有大量证据显示出粒子的波动性以及粒子的辐射性质。最早的证据只是量子跃迁过程（即所谓的光电效应）中的电磁辐射吸收以及原子中电子的 X 射线散射，这两种现象都为光子思想提供了支持。在某种程度上，光子就是波粒二象性的“完美”样本，因为它无疑具有波长和频率（它是光），并且显然能够作为一个粒子而产生和死亡（被发射和被吸收）。例如，光子的波粒二象性在中性 π 介子的衰变中得到了揭示，这一衰变可表示为：

$$\pi^0 \rightarrow \gamma + \gamma$$

在 π 介子衰变的爆炸事件中产生了两个光子，而随着这两个光子的消失，紧接着就会产生新的粒子。

波动性最有说服力的直接证据是衍射和干涉现象。衍射是当波通过障碍物时发生的轻微偏移和扭曲。例如，长波无线电波可绕过一栋建筑物而到达建筑物的“阴影”中。粒子通过附近的障碍物时就不可能偏转了。（极短波无线电更像粒子，会被建筑物阻挡。）假如两列波相遇，它们有可能会产生干涉——如果两列波恰好波峰相遇，就会出现“加强”；如果两列波是波峰波谷相遇，就会出现“减弱”。（物理学家对干涉的定义比普通的定义更广泛，对于波动，干涉有可能相长，也有可能相消。）

19 世纪早期，英国物理学家托马斯 · 杨 [Thomas Young] 和法国物理学家奥古斯汀 · 菲涅耳 [Augustin Fresnel] 正是通过衍射和干涉效应首次清晰地证实了光的波动性。尽管他们的实验如今已被我们视为权威，但当时他们却没能改变多少人的看法，牛顿的光微粒说仍然大行其道。* 不过最终光的波动理论占了上风——直到光子理论出现并赋予光以粒子的性质。之后戴维逊、革末以及汤姆生于 1927 年的实验揭示出电子碰撞晶体产生的衍射和干涉效应。由于粒子（从经典视角来看）不可能发生衍射或干涉，这些实验如同一百多年前的杨氏实验和菲涅耳实验一样，为

---

* 科学史家杰拉尔德 · 霍尔顿 [Gerald Holton] 和斯蒂芬 · 布拉什认为，牛顿之后的追随者们并不像光微粒说的坚定支持者牛顿那样教条地接受这一学说。不过即便是在物理学中，有时也很难摆脱个人崇拜。

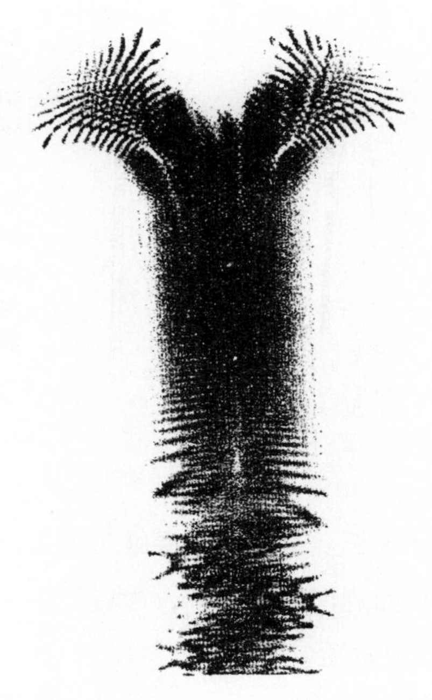

图34　螺旋状阴影显示出衍射和干涉现象

波动性提供了权威的证明。

托马斯·杨的光实验的现代版被称为双缝实验。思路很简单（如图35），从一个波源发出的一列波通过开有一对相距很近的狭缝的挡板，通过每个狭缝的波的一部分都会发生衍射，在挡板后远端区域内扩散开来，因此来自两个缝的波能到达挡板后探测屏上的任意一点，并能产生干涉，要么相长，要么相消。实际上随着探测点到两狭缝距离的不同，相长相消都会出现。屏上正对双缝中点的那点到双缝距离相等，因此将出现干涉相长——波峰对波峰，或波谷对波谷。该点往上有一个位置到上缝的距离恰好比到下缝的距离少半个波长，在这里波谷将与波峰相遇，从而产生干涉相消。继续往上，会有一个位置到下缝恰好比到上缝远一个波长的距离，两波恰好再次同相，波峰遇波峰，波

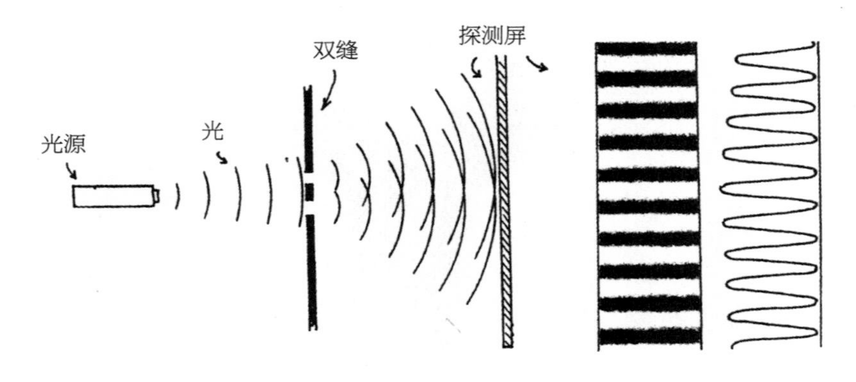

图35　双缝实验

谷遇波谷，出现干涉相长。全部的结果就是屏上出现的明暗相间的条纹，这是波动性强有力的证据。另外，通过测量两狭缝的间距以及条纹的间距，还可计算出波长。

在量子时代，双缝实验有两个重要的扩展。第一个是用电子束取代光，对出现的条纹进行观测，可进一步测量出电子的波长，从而验证了德布罗意公式（晶体散射实验也是这样验证的）。第二个则是使用弱光源，每次只让一个光子通过装置，实验装置——不使用探测屏——包括一系列微小探测器，可对到达的单光子进行标记。这种单粒子双缝实验如图 36 所示，是所有揭示量子物理奇异性的证据中最简单而又最具启发性的一个。20 世纪 30 年代，当这个实验还只是理论设想时，玻尔和爱因斯坦对它进行了争论。后来，随着电子技术和探测器技术的发展，这一实验得以实现，并震惊了所有人，无论他是否是科学家。

下面是这一实验的过程。将光子 1 向双缝发射，在探测器阵列中将探测到某处出现单个光点，光子的着陆点是随机的。然后将光子 2 以尽可能接近光子 1 的方式发射到双缝上，光子 2 也将在探测器阵列中某一随机点着陆。这样持续下去，一个光子接一个光子地发射，发射十个光

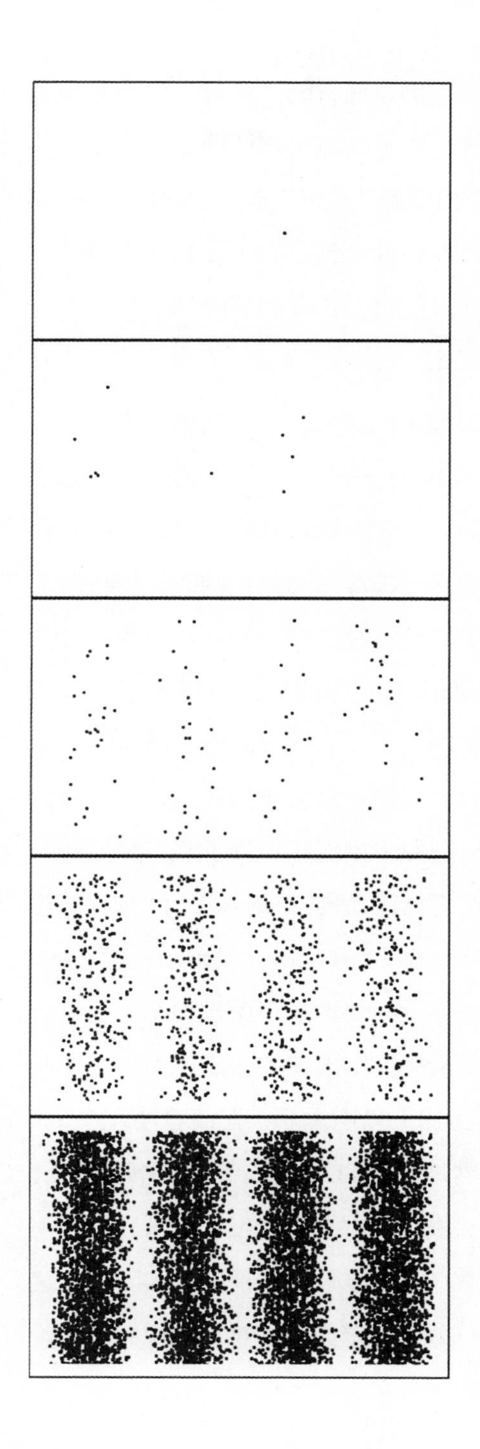

图36　每次向双缝发射一个光子（或其他粒子）后探测到的光子（或其他粒子）产生的模拟点。五幅图分别显示1、10、100、1 000和10 000个粒子的结果。每幅图都包含了前面图中的结果。承蒙伊恩·福特许可使用图片

子之后，探测器阵列上出现的点看起来仍是随机的。发射一百个光子之后，将开始出现新的现象，大部分光子的着陆点正是波动理论所预言的干涉加强处（这些着陆点大部分处在挡板的“阴影”处），少数光子出现在波动理论预言的干涉部分相消处，波动理论预言的干涉完全相消处则没有光子到达。在成千上万的光子通过装置后，探测器阵列上将会出现清晰的明暗条纹，与波动理论预期的完全一致。

是什么导致了这一现象？从看起来随机和无法预测的单个事件，到最终出现清晰、简单的图样，你或许想问：一个光子通过的到底是哪个缝？光子如何“知道”哪里适合着陆，哪里不适合着陆？是什么决定着光子最后的实际着陆点？为什么两个光子在理论上是全同的，但行为上却并不完全相同？与观测结果、量子理论以及其他一系列实验相符合的唯一解释是，每个单独的光子从光源出发到探测器的过程像波一样运动，每个光子同时通过两个缝，光子产生于一点，探测时也是一点，从光子产生到被探测到（实际是它湮灭）之间，它的行为像波。这就是波粒二象性的本质。此外，概率在这一图像中出现了，光子并不知道在哪里着陆，它只知道在不同点着陆的概率：波动理论预言的干涉相长处概率大，波动理论预言的干涉相消处概率小。（考虑将一枚硬币投掷 1 000 次，硬币在一次特定投掷时是正面还是反面着地是不可预测的，而且一次特定投掷时硬币正反面着地与先前投掷的结果无关。不过由于概率在发挥作用，你完全有理由相信投掷硬币 1 000 次之后，正面着地大约 500 次——但并非恰好 500 次——反面着地也大约 500 次。）必须指出的是，单个光子——同时通过两个缝——会发生衍射并且会发生干涉，你任何时候看一个光子（也就是说看探测器，或者你眼睛的视网膜实际记录这个光子），它都是一个点；你不看的时候，它就会鬼使神差地像经典理论中的电磁波一样成为波在空间中传播。

有些物理学家感到双缝实验太令人混乱（你越思考，头脑就越混乱——尼尔斯·玻尔语），以至于他们认为尽管量子力学取得了无数成功，且从未失败，但仍旧是不完备的。他们相信在21世纪的某个时候——无论是下一年还是从现在起50年以后——将会出现新的理论，一种能够包含量子理论，并且能对量子理论的成功进行解释的理论，但更有“价值”。即便是不被双缝实验表现出的古怪所困扰的物理学家也都倾向于认为量子力学的某种内在因素尚待发现。

原子尺度

在约瑟夫·约翰·汤姆生1898年发现电子之后大约十多年，许多物理学家都希望原子结构理论能够仅用熟悉的经典概念加以发展。汤姆生本人提出了一个被称为“葡萄干布丁模型”的原子模型。他设想了一个正电荷球团（“布丁”），其中镶嵌着微小的负微粒（电子“葡萄干”），如果布丁正电荷恰好与葡萄干负电荷一样多，那么整体就呈电中性，而原子的大小就将由布丁球的大小决定。理论学家们试图描绘出电子在正电荷分布的区域是如何运动的，也许是来回振动（这有助于解释原子为什么只发出特定频率的辐射，如同乐器一般），他们还尝试着去搞清楚为什么这样的原子能够稳定。这些努力并没有真正取得成功。或许你会认为这并不令人惊讶，给出的那个模型太荒谬了，没错——但是在科学发展的历程中，在找到正确的道路之前，往往就是行进在崎岖黑暗的小路上。

一个转折点的出现照亮了正确的道路。1911年欧内斯特·卢瑟福发现原子内部除了中心处是一个微小的原子核之外，大部分空间都是空的。这一发现使得葡萄干布丁模型以及当时出现的其他模型统统破产。卢瑟福的新模型是一个美丽而简单的行星模型，电子“行星”环绕着一个小原子核“太阳”。这为什么会成为一个转折点？因为经典理论已经对这样一个原子的运动方式进行了非常详细的说明，这算不上是什么新闻。与真实的太阳系行星系统不同，行星绕太阳作轨道运动已经数十亿年。而根据经典理论，卢瑟福原子中的电子大致在一亿分之一秒（10^{-8}秒）内就会以螺旋运动掉进中心原子核。这一巨大的不同源于电子是带电的，将以很大的速率作加速运动。因此，根据电磁学理论，电子会发出辐射——辐射频率不断增加——且在作螺旋运动的同时通过辐射释放出自己的能量。当然，这显然并非原子的实际情况。原子总是保持着本身的大小，并且只在受到扰动（“激发”）后才会辐射。

尼尔斯·玻尔在了解了卢瑟福的新模型之后，清晰地认识到后来被用于解释辐射问题的量子理论将在物质理论（即原子理论）中扮演重要角色。玻尔在他1913年的论文中介绍了具有持久生命力的思想——分立量子态、量子跃迁以及角动量量子化——但尚未提出波动思想。因此，玻尔理论仍是解释原子大小及其稳定性的中间步骤。早先我曾提及提出物质波思想的路易·德布罗意看到了如何对玻尔理论的原则以及原子大小进行解释，他突破性地提出原子的大小取决于原子内电子的波长。对德布罗意最初的思考只有一个主要改进：我们现在知道了（正如我曾经提及的）波分布于原子的整个三维体积空间——它们并不只是沿着一条轨道运动。因此，葡萄干已经变成了布丁。

一列波之所以被称为波，至少要有一个波峰和一个波谷，必须有起有伏——或许反复出现，但至少要出现一次。波不能定域于一点，其物理范围至少与其波长一样大，因此电子的波动性，尤其是电子的波长决定着原子的大小。那么，电子是如何决定是以小波长紧靠原子核还是以大波长远离原子核的呢？最奇怪的是，这一问题的答案与弹球的情况很相近，让弹球在碗内滚动，弹球最终将处于碗的最低点，即寻求最低能态，而电子也是如此。

为了理解电子为何寻求最低能态，你不妨想想原子内的两个能量贡献者。其一是电子的动能，该能量随着电子动量增加而增加。因此，根据德布罗意公式，电子波长越短，其动能就越大。也就是说，电子波越使电子靠近原子核，其动能就越大。假如电子遵从经典预期而螺旋掉入原子核，那么由于经典情况下其波长收缩为零，所以其动能将增至无穷大。因此，电子寻求最低能态不是为了减小波长以及原子大小。此外，还有一个能量贡献者：与原子核和电子间吸引力有关的势能。原子越小势能就越小，但是其变化率小于动能增长率，实际上两种能量彼此竞争。电子由于其波动性，会在空间中尽可能广泛地分布，其波长会变大，而动能将减小，就好像电子被原子核所排斥一样。但是与此同时，电子要受到原子核的静电力作用，因而会收缩体积。原子大小正是这两种效应竞争达到平衡状态而总能量达到最小时所形成的，这一大小约为 10^{-10} 米。按粒子世界的标准，这已经相当大了。

正如你所料想的那样，普朗克常数 h 对于确定原子的大小发挥着重要的作用。假如 h 变小（也就是说假如量子效应表现得不那么明显），那么原子也会变小。假如 h 变大（假如量子效应更显著），原子也会更大。假如 h 为零，那将没有量子效应，电子将遵从经典物理规律并且以螺旋运动掉入原子核，也就没有原子结构，更不会有科学家去思考这个问题了。

从氢到铀乃至更大的原子，所有原子都具有大致相同的大小。这可通过我上面说过的能量竞争来进行解释。假如只有一个电子绕铀核运动，那么铀原子将只有氢原子大小的 1/92，电子动能与更强的高荷电原子核的势能之间的平衡点将更靠近原子核。由于受到更强的引力，电子波长将更小，而其动能将大于氢原子内电子的动能。实际上，铀的最内层电子占据的区域的确很小，大约只有 10^{-12} 米而非 10^{-10} 米。但是随着原子内电子逐渐增多，这些电子将扩展到更大的范围。最后的第 92 个电子将加入一个有 92 个正电荷和 91 个负电荷的集团，它所感受到的净电荷为一个单位电荷，与氢原子相同。因此，它的运动状态与氢原子内的单个电子也大致相同。

波和概率

波与概率的联系是不难看出的，波是在空间某个区域展开分布的，而概率也能展开。一个电子可能在这儿也可能在那儿。例如，在原子内部，不能确定电子处于任何特定位置（因为它的波动性），但是有办法探测并且能——以一定概率——在某一点发现电子。在图 37 所示的假想实验中，一个高能 γ 射线光子射向一个原子，它将与电子相互作用，发射出电子（更准确地说是一个电子）和一个较低能的光子。新出现的两个粒子，即电子和光子，具有足够大的动量，它们的波长要比原子大小小得多。这意味着它们的轨迹能很容易确定，并且可以（理论上）追溯到原子内一个很小的区域，那里正是相互作用的发生处。实验学家会说："在发生相互

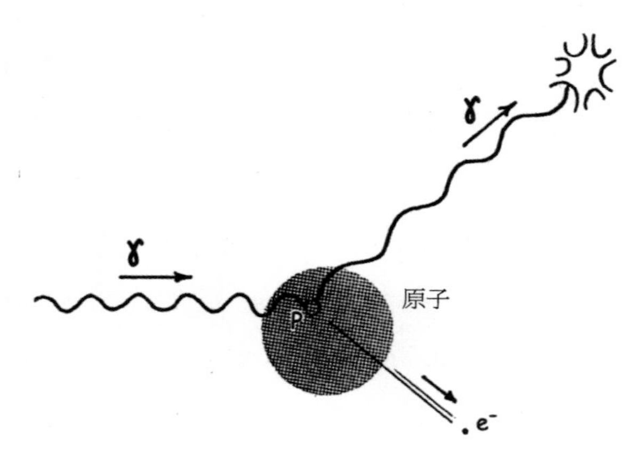

图37　γ 射线光子从原子中打出一个电子

作用的 P 点一定要有一个电子。”（在原子内以这种方式精确定位到一个很小的区域实际上是不可能的，这正是为什么这个实验只是个假想。）

当重复这一实验时，原子内的相互作用点将会出现在其他地方。如果重复 1 000 或 100 万次，就会出现一定的图案。原子内某些区域是发生相互作用的高概率区域，其他区域则是相互作用低概率区域，而在某些地方——比如远离原子核的地方——相互作用概率可以忽略。在再次操作这一实验之前，实验学家们可以这么说：“尽管对于下一次实验相互作用将会出现在哪里我一无所知，但是我知道在任何区域发生相互作用的概率。”因此，一个可被描述为在原子内以展开波形式存在的电子也能在一点发生相互作用，并且这一相互作用的概率与电子波的波幅单调相关。

再举一个例子，放射性重原子核内的 α 粒子的波有一个可扩展至核外的小“尾巴”，这使得 α 粒子能以一定概率穿过将它束缚在核内的势垒而弹出，而它的飞出正代表着 α 衰变。这就是隧穿效应，是经典物理无法解释的，但在量子世界中可通过物质波动性以及波与概率之间的联系进行解释。

现在我们将时钟拨回到以前。1926 年 3 月，在年轻的沃尔纳 · 海森堡提出他的量子力学版本之后没几个月，欧文 · 薛定谔发表了他的波动力学论文。这位后来成为苏黎世物理学教授的奥地利人，使用他写出的新的波动方程对已知的氢原子能态进行了解释。* 与前一年海森堡的工作一样，薛定谔的论文立刻引起了物理学家们的注意，尽管尚未理解薛定谔波动方程的含义，但是物理学家们已经意识到了它的重要性。

---

* 下面是一维粒子不含时的薛定谔方程：

$$d^2\Psi/dx^2+(2m/\hbar^2)[E-V]\Psi=0$$

在这个看似简单的方程中，x是沿运动方向的位置坐标，m是粒子质量，$\hbar$是普朗克常数除以2π，V是势能，E是总能量，而Ψ则是波函数。薛定谔于1925年底冬季假期在瑞士的阿罗萨小镇度假时提出了这一方程。

薛定谔能够成功使用这一方程以及其他物理学家在了解方程中主要数学变量——波函数的含义之前就表现出赞赏或许看起来有点奇怪。实际上这是因为薛定谔方程是所谓的本征值*方程，只对能量变量 E 的某些取值才有“有意义”的解，对于其他 E 值的其他解则是无意义的并被认为是非物理的解。因此，薛定谔只需要让他的波函数满足一种数学上可接受的方式（例如不能无穷大），而无论波函数意味着什么，都可以找到氢原子内可能出现的量子能态。

时年 43 岁的哥廷根资深物理学家马克斯·玻恩在理论物理方面具有十分广泛的兴趣。在他的同事帕斯卡·约当 [Pascual Jordan] 的帮助下，他刚刚搞清楚了海森堡的量子力学可以通过矩阵数学的方式做最好的描述，现在他又将注意力转向薛定谔的新方程，并在三个月内提出了一个令本已混乱的物理学界更加震惊的思想。首先，他说薛定谔的波动方程中 Ψ 是不可观测量。这在物理上是一个令人惊讶的新思想，直到那时，物理学家们在方程中处理的所有概念都是可观测量。第二点，他说波函数的平方 $|\Psi|^2$ 是可观测量并且可用概率进行解释。**

为了阐明波函数与概率间的关系，我们先来讨论氢原子的最低能态。这一状态的电子波函数在原子核处达到峰值并将“逐渐”趋于零，在距核 10^{-10} 米以外达到极小（如图 38）。有两种方式可对原子的这一波形进行解释。首先，我们可以说电子并非局域的，它不会处于任何特定点，而是在原子内部展开分布，它的波函数显示了它的分布状况。这一解释着眼于电子的波动性。当我们考虑电子的粒子性时，概率就要发挥作用了。尽管电子实际上是展开分布的，并且同时处在原子内的所有位置，

* eigenvalue[本征值] 这个词是德语和英语的混合产物。这正是物理学的国际化特征。

** 在第 7 章脚注中曾经提及：波函数 Ψ 可以是复数，即波函数可以用一个具有实部和虚部的复数来表示。而用来表示概率的则是 Ψ 的模平方。

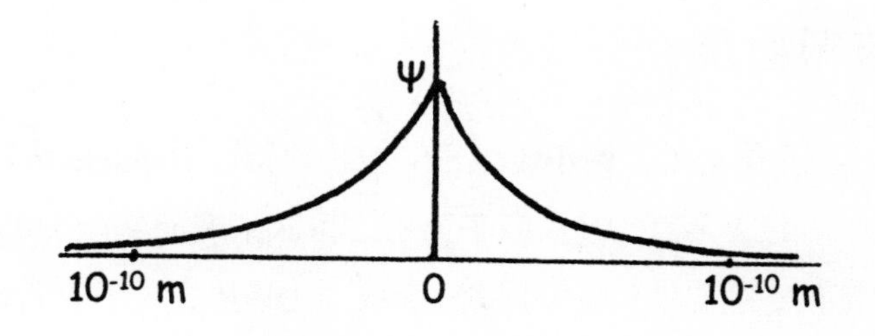

图38　氢原子内最低能态的电子波函数

但是它总会体现出作为一个粒子的可能性。正如我之前提到的假想实验，假如一个高能 γ 射线光子打过来，将在原子内一点发生相互作用，并且将会从该点发射出一个电子，这一过程的概率正比于波函数的平方。正如德布罗意曾经说过的以及薛定谔方程所暗示的，电子虽然具有波动性，但是它也确实具有粒子性，经常显示出自己是一个粒子，玻恩自己说正是认识到这一点，他才得出了他的概率解释。因此，波粒二象性与波–概率联系密切相连，相辅相成。

即便在 1900 年前后最早的辐射研究中，也有证据表明波动的基本规律就是概率性的。卢瑟福对玻尔的论文（电子是如何决定跃迁到哪里的？）的重视也表明概率可能在量子跃迁中发挥着作用。但是物理学家们尚不希望用概率性取代确定性，在玻恩迫使他们这么做之前也不愿意正面面对这个问题。玻恩结论的重要性远远超出了波函数与位置概率有关的范畴，突然间问题变得清晰起来，所有量子行为都是概率性的：一个事件发生的时间、对事件不同结果的选择，等等。

正如第 6 章提到的，爱因斯坦对于基本物理中出现的概率性十分不快，并常说他不相信上帝会掷骰子。几乎所有物理学家都接受了概率性，但仍有一些物理学家很难接受这一点。我就很怀疑量子物理是否已经找到了最完美的表达。

波与颗粒度

在远离原子中心处，原子中电子的波函数趋近于零。波函数在原子中心处会有唯一的最大值，并在原子另一边再次下降而趋近于零。图 38 所示正是氢原子最低能态（基态）的波函数变化趋势。对于更高能量态（激发态），波函数将出现两个或者更多振动：或者如图 39，要么在里边要么在外边，要么接近原子中心要么远离原子中心；或者围绕核作圆周运动。

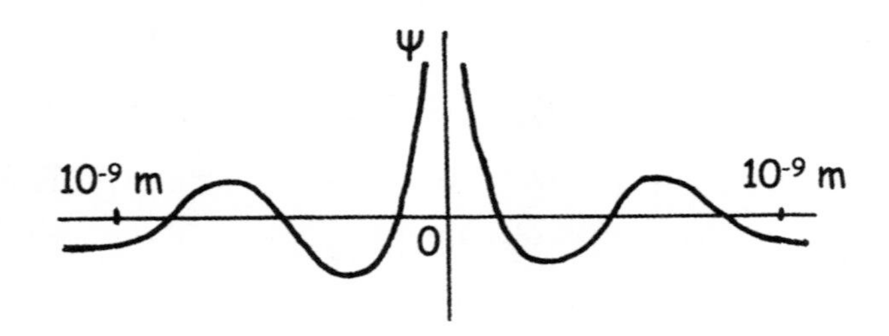

图39　氢原子内较高能态的电子波函数

这一行为令人回想起小提琴琴弦以其基音和较高泛音进行的振动。一根两端固定的琴弦，其最低振动频率对应的波长是琴弦长度的 2 倍，第二泛音对应的波长与琴弦长度相等，第三泛音对应的波长是琴弦长度的 2/3，以此类推。正是由于控制声音规则的性质所致，第二泛音是基音频率的 2 倍（在音乐术语中就是提高一个八度），第三泛音是基音频率的 3 倍，等等。当小提琴琴弦弯曲时，所有这些泛音如同它们的名字一样，听起来是同时发出的，声音的品质与泛音的相对强度有关。但是这一讨论的重要之处在于，小提琴琴弦的振动频率是量子化的，给定长度和拉力的琴弦只会出现一系列分立的频率值。

我在本章曾提到过，波长和频率的经典量子化是促使德布罗意思考物质波可能性的原因之一。或许他考虑物质波——像小提琴琴弦上的波

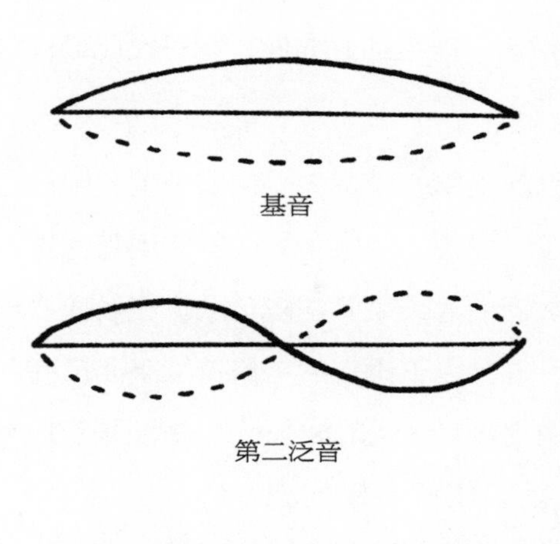

图40　一根振动的小提琴琴弦

动（或者管乐器中空气柱的波动）一样——能够只在某些频率上振动，这一点可用来解释原子中的能量量子化。德布罗意已经很接近这一点了，薛定谔方程中的物理可接受解正是那些在远离原子核处波函数（以及概率）迅速趋于零的解。这种解只会出现在选定的（量子化）能级，对于其他能级，波函数在本应为零处变得无穷大。自然界不会允许出现这种可能性。因此，在原子两边某些远离核处波函数为零（或趋于零）的条件与小提琴琴弦两端“固定”是完全一样的。与小提琴琴弦上的波动一样，波函数也只能具有某些特定波长，最长的波长——从原子一端到另一端只有一个波峰和波谷——对应着琴弦的基音振动，并确定了原子的基态。具有更多振动周期数的波函数则对应泛音和原子中的激发态。

乍一看似乎有些矛盾，波函数——尽管在空间连续分布，与粒子的分立性相反——说明了能级的分立性，音乐类比或许对理解这一点会有帮助。

物理学家们喜欢简单的模型，而在量子世界中没有什么模型比势阱中的粒子更简单了。设想一个电子（或者任何其他粒子）在完全不可穿透的两堵势阱壁之间沿直线来回往复运动。在经典物理中，粒子运动的动能将是任意的，并会以不确定的能量持续来回反弹。量子描述则完全不同，粒子具有决定于其动量的波长——短波长对应大动量，长波长对应小动量。对于某些任意选择的波长，在两堵势阱壁之间往复蛇行的波将会与自己发生干涉并会很快消失。在大量往复运动之后，粒子在任何位置出现的概率都将为零。要避免这种不幸发生，就只能选择那些能够使波在两堵势阱壁之间来回反射多次后自我干涉加强的波长。图 41 给出了两堵势阱壁之间的空间恰好为两倍波长时的情况，具有这一波长的波在任意次反射之后仍能精力旺盛并不断自我加强。而这种选择就已经确定了势阱中粒子可能的量子化能量。

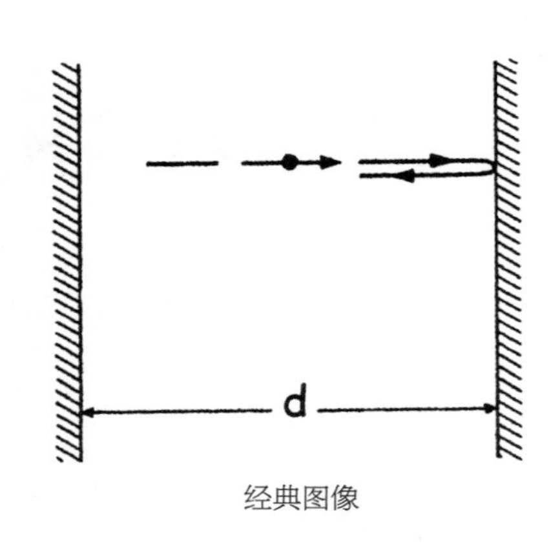

经典图像

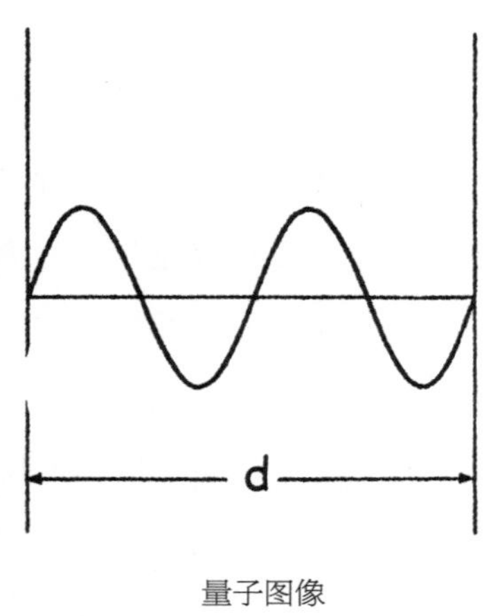

量子图像

图41　势阱中的粒子

势阱中粒子可能具有的最长波长是势阱壁之间空间距离的 2 倍，也就是说势阱壁之间的距离为半个波长，就如同小提琴琴弦的长度对应其基音波长的一半。第二种可能则是势阱壁之间的距离相当于一个波长，然后是 1.5 个波长，再然后是 2.0 个、2.5 个等等。这些波长以一定的规律递减，与波长倒数成正比的动量则依次递增——实际上是等步长递增。也就是说，第二种状态的动量是第一种状态的 2 倍，第三种状态的动量是第一种状态的 3 倍等等。假如粒子是非相对论性的（运动速度相对于光速很小），其能量正比于动量平方，那么势阱中粒子的量子化能级的间距将越来越大。图 42 给出了此能级图中的前三个能级。

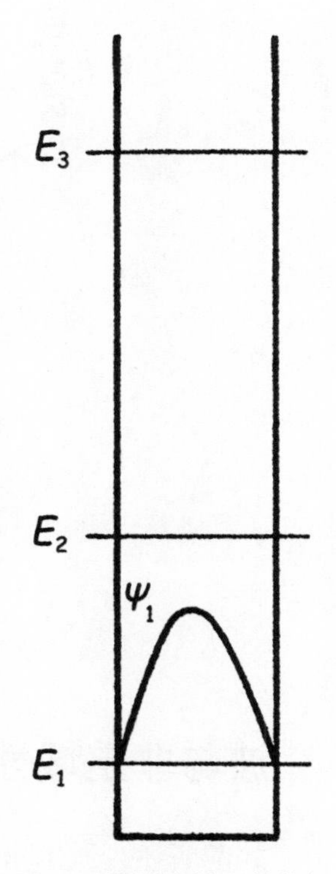

图42 势阱中粒子的能级

势阱中的粒子是因为束缚而导致了能量量子化。势阱壁之间的距离越近，能级相隔就越远。（这仍然可与音乐相类比。小提琴琴弦的振动频率比大提琴琴弦高，而大提琴琴弦的振动频率则比低音提琴琴弦高。）如果粒子完全不被束缚，它将具有任意能量，因为它可具有任意波长。

现在我们从理想情况——势阱中粒子——回到原子中电子的实际情况。原子也提供了一种壁——静电力壁。原子壁与理想的势阱壁有两点不同。首先，原子壁并非不可穿透，电子波函数在某些点并非完全为零，而是到了那一点之外才为零，波函数在壁外逐渐（尽管实际上相当快）衰减为零。第二，原子壁随着电子能量增加会相隔越来越远，因此，一个处于激发态的电子比一个处于基态的电子受到的束缚更少。这使原子内的量子化能级随着能量增加彼此更加靠近，而非势阱中粒子那样彼此远离。这一区别如图 43 所示。

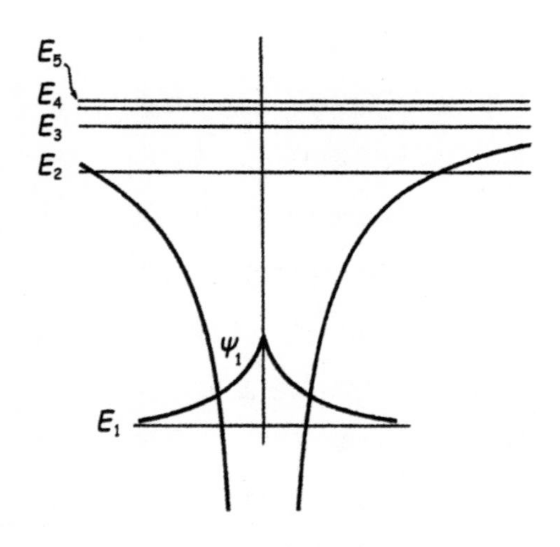

图43　氢原子能级

波与非定域性

如前所述，波本身的特性就是展开分布，根据其波长以及限制条件的不同会扩展到或大或小的某个区域。原子的大小可被理解为波的非定域性的结果，具有某一能量的粒子波需要有某一最小伸展空间，而这就确定了原子的大小。波的非定域性的另一结果则是给出物理学家所能探求的最小尺度的限制。要在很小的尺度上有所收获，意味着要使用非常小的波长，也就意味着需要大的动量和大的能量。因此，物理学家斥巨资建立了强大的加速器以研究最小的亚原子过程——这是波的非定域性导致的一个不那么讨人喜欢的现实。

设想通过分析海港中通过一艘船的水波来研究这艘船。水波在通过一艘停泊着的大船时会受到强烈的影响（如第 13 页图 1 所示）。这艘船会在平静的水面上留下“阴影”，而船两端的水波则会按照特有的方式发生衍射，这些衍射波中的一部分将会彼此干涉。通过研究从不同方向通过船的水波，你会清晰地了解到船的大小和形状。另一方面，如果相同的水波通过一个伸出水面的木桩，这些波将几乎不受影响，至多显示出有个小东西在那里，不会显示出其大小或形状。不过通过光波你可以很容易分析这个木桩，也就是说直接看它。结论：如果波长比要分析的物体小得多，那么波是最好的分析工具；如果波长比要分析的物体大很多，就不会显示出其细节，此时波受其波长限制而显得有些“模糊”。

揭示质子内部结构的第一个实验是由斯坦福大学的罗伯特·霍夫斯塔特 [Robert Hofstadter] 在 20 世纪 50 年代中期实现的。我还在普林斯顿大学读研究生时就已经知道时任普林斯顿大学助理教授的霍夫斯塔特，他发明并完善了探测高能粒子的方法。毫无疑问，他很幸运，普林斯顿大学没有给他永久教职，因此他去了斯坦福并获得了他所需要的条件：通过直线加速器将电子加速到 600 兆电子伏特的能量，这些电子的波长为 2×10^{-15} 米，短到足以（只是刚刚满足）研究质子的内部结构。这一波长大致是一个质子的直径大小，约为氢原子直径的十万分之一。霍夫斯塔特是位非常出色的实验学家。此外，他不满足于让别人去做理论分析，而是小心翼翼地亲自分析自己的实验结果。这些实验涉及采用电子轰击氢，并对电子在原子中心的质子作用下发生的偏转进行研究。他准确地揭示出质子是具有内部结构和有限大小的实体，其电荷和磁性质都在其内部分布。由于这一工作，霍夫斯塔特获得了 1961 年的诺贝尔物理学奖。

斯坦福的科学家们后来建立了两英里长的斯坦福直线加速器，如今已能将电子加速到 50 吉电子伏特的能量，这些电子的波长为 2.5×10^{-17} 米，比单个质子或中子的尺度还小很多。位于芝加哥附近的费米实验室，在万亿电子伏加速器上产生的 1 TeV（1 万亿电子伏特）的质子，具有大约 10^{-18} 米的波长。一个能够产生更小波长粒子的更大的加速器已投入运行。* 有趣的是，在几吉电子伏特和万亿电子伏特能量范围内，相同能量的质子和电子具有几乎相同的波长。这是因为它们的动能比它们的质量能大很多，以至于它们是否有质量或质量多大都没有太大影响。

必须指出的是，达到更高能量并非只是为了获得越来越小的波长。能量本身也很重要，因为更重的新粒子的质量来源于粒子本身的动能。例如，表 B.4 中 W 和 Z 玻色子的质量是质子质量的 85 倍以上，表 B.2 中顶夸克的质量约为质子质量的 180 倍。假如还有更重的粒子尚未发现，那么要产生它们将需要更多的能量。

实际上，大波长在亚原子研究中并不总是一种障碍，降至热能区（小于 1 电子伏特）的中子，波长约为 10^{-10} 米，相当于一个原子的大小。这种中子的“大小”或者“模糊”范围是原子核大小的一万倍，通过它是无法揭示原子核内任何细节信息的，但是它却可以“延伸出来”与原子核相互作用。在经典计算中，由于存在很宽的边界，这是不可能发生的。而在实际中所发生的这一过程则可揭示出中子 – 原子核在零角动量下相互作用的具体细节。此外，如果中子足够慢，每次就可与不止一个原子核发生相互作用，并可被材料样本中的原子核阵列衍射。这在原子核裂变中十分重要。尽管慢中子的轨迹看起来只是绕过所有的原子核，但它可以遇到铀 –235 核并且会导致裂变发生。

态叠加原理和不确定性原理

1927 年，在创立量子力学的各种伟大智慧结晶中，海森堡提出了他

---

* 日内瓦欧洲核子研究中心的“大型强子对撞机 [large hadron collider, LHC]”可以将质子能量提高到 7 万亿电子伏特。这些质子将与相同能量的反向循环质子发生碰撞，可为产生新质量提供高达 14 万亿电子伏特的能量。（欧洲大型强子对撞机于 2008 年建成投入使用。——译者注）

的不确定性原理：存在着一些成对的物理量，其中一个量的测量精确程度会限制另外一个量的测量精度。简单地说就是，量子力学为认知能力设置了限制。与德布罗意公式和物质波双缝干涉一样，不确定性原理紧紧抓住了量子世界中的重要本质。

不确定性原理的一种形式可表示为：

$$\Delta x \Delta p = \hbar$$

右侧是无处不在的普朗克常数（这里是除以 2π），可在量子力学的所有公式中发现它的身影。p 表示动量，x 表示位置（距离），Δ 符号用来表示“不确定度”（而不是“改变量”）：Δx 是位置的不确定度，Δp 是动量的不确定度。这两个不确定度的乘积等于常数 $\hbar$。* 由于 $\hbar$ 在人类尺度来看是极小的，所以 Δx 和 Δp 在日常世界中实际上都可视为零。自然界对于一个大物体的位置和动量测量的精度并无限制。例如，如果你想以单原子直径的精度确定一个人的精确位置，那么这个人的速度测量（理论上）可达约 10^{-26} 米 / 秒的精度。在亚原子世界中，就完全不同了，一个位于原子内的电子（也就是说位置不确定度约为 10^{-10} 米），其速度就具有 100 万米每秒（10^6 米 / 秒）的固有不确定度。

不确定性原理引发了公众的想象，并且（遗憾地）常常用于非科学领域而不是科学领域。那些妄图攻击科学的人会以此为依据证明“精确”的科学竟然没那么精确。实际上，不确定性原理是对自然以及我们认知能力的深刻表述，它还可被视为物质波动性的又一体现，这样看起来它就没那么神秘了。

要理解不确定性原理需要掌握一个很难但也很重要的思想：只有当不同的波长混合在一起，波才会定域（部分定域）。这一混合被称为态叠

---

* 严格地讲，此方程对不确定度的乘积给出了更低的限制，这一限制源于自然界的自身性质。更大的不确定度则是由测量的缺陷导致的。

加，是量子世界的一种本质特征。

首先考虑一列波长确定且没有混合的波，如图 44 所示。如果这是一个物质波，它代表着一个匀速运动的粒子，其动量由德布罗意公式（略做变形）给出，$p=h/\lambda$。粒子在哪里？粒子无处不在——或者它很可能在任何地方（由于波的无限性）。* 它的位置不确定度无限大，而动量（以及波长）的不确定度为零，这是与不确定性原理相符合的最极端的情况。假如两个不确定度的乘积是一个常数，那么只有当其中一个为无限大的时候另一个才会是可以忽略的小。

图44　单一波长的“单纯”波

现在来考虑当几个不同波长的波相互叠加时所发生的情况，图 45 给出了波长相差 10% 的两列波的叠加结果。距最大加强点（干涉相长）五个周期处，两列波干涉相消。再五个周期，两列波再次干涉相长。结果就是部分定域，即波聚集在一些长度约为十个波长的区域。

假如许多不同波长相互叠加但波长仍只相差 10%，结果如图 46，波将只聚集在长度约为十个波长的一个区域。在这种情况下，粒子的位置不确定度减小为大约十个波长，动量不确定度则扩展 10%，与混合波长的（百分比）范围相同。

进一步定位该波是可能的。图 47 给出了塌缩为单个波峰波谷的一列

* 初始时刻，图44中的正弦波有波峰和波谷，因此，粒子在某些地方出现的概率会更大。但是波随时间变化而行进，高低概率的区域也在移动。因此，若对时间进行平均，粒子在各处出现的概率是相等的。

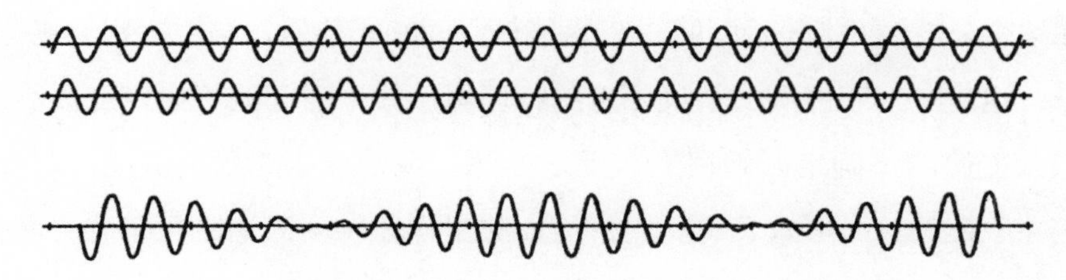

图45　两列波长相差10%的波，分开以及叠加

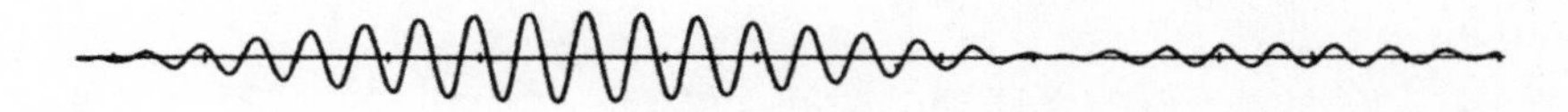

图46　波长相差10%的多波叠加

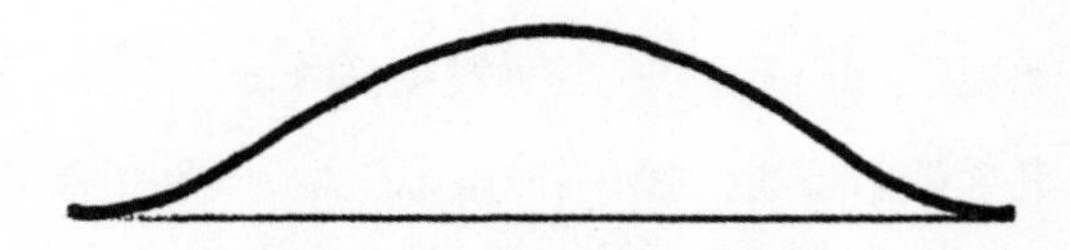

图47　多波长波的叠加结果

波，要获得这一图像要求叠加波长几乎 100% 叠加，从而动量不确定度接近 100%。

正如这些例子所展示的，降低一个粒子位置的不确定度（减小 Δx）要求混合许多波长，必然导致大的动量不确定度（Δp 增大）。氢原子基态的波函数验证了这一思想。电子被限制于原子内，但却无法指出它的精确位置，它的位置不确定度相当于整个原子。相应地，其动量也无法精确测量。根据不确定性原理，其动量不确定度可通过 $\Delta p = \hbar / \Delta x$ 计算得到。

不确定性原理在粒子世界中的另一应用形式是：

$$\Delta t \Delta E = \hbar$$

在这个公式中，t 表示时间，E 为能量。时间和能量，与位置和动量一样，也是一对不能同时精确测量的物理量。如果时间的不确定度很小，那么能量的不确定度就很大，反之亦然。我曾在第 3 章中讲过，不确定性原理的这一形式具有实用价值：测量那些转瞬即逝的粒子的寿命。这种粒子很短的寿命意味着 Δt 很小，因而 ΔE 很大。实验学家们测量出在许多衰变中观测到的能量“展宽”，从而确定 ΔE，通过计算 Δt 即可得到粒子的寿命。

另一方面，不确定性原理的时间－能量形式也并不总有益。寻求时间无尽精确的物理学家们总想得到原子中某些量子跃迁所发射出的辐射的高精度频率。由于根据普朗克－爱因斯坦公式 $E=hf$，频率由跃迁能量决定，跃迁能量的不确定度将会对发射频率的不确定度产生影响。并且，能量不确定度依赖于激发态寿命的长短，一个在衰变发射光子前存在很长时间的态具有很大的时间不确定度，发射光子的能量不确定度相应就会非常小。最终对于精确时间的追求，部分程度上就变成了在原子中寻求具有较长寿命的合适激发态。

为了进一步揭开不确定性原理的神秘面纱，我需要强调的是，不确定性原理的时间－频率形式在大尺度世界中是众所周知的，它并不涉及普朗克常数，但却与波动性有关。电子工程师都知道要想通过金属丝传递一个准确频率的音调是不可能的，除非这个音调能持续相当长的时间。如果减小这一脉冲，不论是否愿意，都会引入频率的不确定度，也就是一个频带。比如当你拨电话时，你所听到的声音提示不能以非常快的速度传播。如果每个音持续的时间缩短太多，不同的频率将互相混合，接收站就无法分辨你按的是哪个键。（自动拨号器或许可以以每秒十个键左右的速度加速“拨号”，但要更高效地处理每秒上千个脉冲则会弄巧成拙。）风琴师知道尝试用太过欢快的节奏演奏很低频的音符是不明智的。如果每个音的持续时间都过分衰减，那么由于频率的混杂，声音听起来会模糊不清。

海森堡不确定性原理与日常世界中波动所展示出的不确定性之间的重要区别在于将波长和动量联系起来的德布罗意公式，这是与普朗克常数有关的纯粹的量子关系，在经典世界中没有对应。

波是必要的吗?

是什么划过天际？是波！是粒子！既是波又是粒子！这是波粒二象性的典型描述。说某些东西既是波又是粒子确实是一种令人混乱的思想，很难接受和理解。但是只要你记住，粒子性是在某些条件下的体现，而波动性则是在另一些条件下的体现，波粒二象性就没那么模糊不清了。就好比一位男士，他在办公室时是卡斯珀·密尔魁透斯特，在他的方向盘后面就是疯狂的麦克斯。你不会说他在同一时间既是卡斯珀又是麦克斯，而会根据环境不同分辨他是哪个角色。一个量子实体也是如此。当它产生和湮灭（发射和吸收）时，它是一个粒子。在这些事件发生的间隔，它就是波。不过接受这一观点不足以消除对量子力学产生的神秘印象。你或许还想问：如果波从粒子产生的那一点开始向外传播，波如何知道在哪里以及什么时候“塌缩”以显示（探测）粒子湮灭？这个问题唯一的答案是，波是一种代表可能性的概率波，它给出了粒子在某个时间和某个地点结束其生命的可能性。

在 1940 年或 1941 年，作为普林斯顿大学的研究生，总是充满活力的理查德·费曼对他的导师约翰·惠勒说：谁需要波？全部都是粒子。费曼对于量子属性从生到死的过程有着新的看法。他发现用无限多粒子路径代替波可以得到正确的量子结果。从粒子诞生的那点起，粒子——同时——沿着所有可能的路径到达任意给定距离的点，每个路径都有一定的“幅度”，这些幅度全加起来可以对粒子将实际出现的那一点的概率进行预测。（比如，会出现一些正幅度和负幅度相加得零的情况，即粒子出现在某个特定点的概率为零，比如干涉图形中的暗条纹处。）惠勒受这一思想启发，将它命名为历史求和法，并立即约见了爱因斯坦，将这一思想告诉了他。后来回想起那次会面，惠勒写道：*

> 我为这一思想感到兴奋。我去了爱因斯坦家，在他家楼上的里屋和他一起坐下来研究，花了大概20分钟时间告诉他费曼的想法。“爱因斯坦教授，”我总结道，“用这种新方式看待量子力学能否让你感觉到已经完全有理由接受量子理论了呢？”
>
> 他并没有轻易接受。“我还是不相信仁慈的上帝会掷骰子，”他回答说……
>
> 爱因斯坦就像他曾经对自己的评价那样，顽固得像头骡子。

费曼令人兴奋的思考并没有真正消除波，他只是提供了另一种看待量子现象的方式。但由于他强调了量子力学的一个核心原则——多振幅的叠加，这一想法就变得非常重要。费曼还对那些易消散的波向周围扩散之时可能会发生的“实际”情况进行了说明。在很多应用中，波动观点使用起来仍然是最简单的，即便是历史求和法，也会出现诸如波长、衍射以及干涉等概念。** 因此，对本节开始那个问题“波是必要的吗？”的回答应是：“不，实际不是的。”但是既然与波的行为如此接近，倒不如利用波去描述实际情况。

---

* 约翰·惠勒，《真子、黑洞和量子泡沫》[*Geons, Black Holes, and Quantum Foam: A Life in Physics*]（纽约：诺顿出版社，1998年），第168页。

** 在费曼著名的著作《量子电动力学》[*QED*]（美国新泽西州普林斯顿：普林斯顿大学出版社，1985年）中，他提出用历史求和法模拟光子和电子的行为。

改写极限

亚亚原子世界是什么意思？

地球上的任何东西都表现出永恒的运动吗？

当你“消耗”能量时实际发生了什么？

如果看不到暗物质，我们怎样才能知道它在那里？

……

对于未来的量子物理可以问三个问题。首先，科学家和工程师会开发利用量子世界吗？也就是说，亚原子世界的规律和现象能否转化为实际技术造福社会？一个回答是他们已经这样做了——通过激光、微电路、扫描隧道显微镜以及核反应堆（核弹就不用提了）。另一个回答则是像量子计算机之类的令人惊讶的新应用也有可能实现。一个不太靠谱的、值得讨论的例子就是设想利用粒子–反粒子的湮灭作为空间运输的动力（或者作为终极炸弹的爆炸力）。

第二个问题，是否会由于对量子物理更丰富的理解而出现所谓的亚亚原子世界？也就是说，出现比目前为止所研究的尺度更小的尺度。有线索表明或许会出现这种情况，而且在超小领域中，量子理论和引力理论将会统一。

第三个问题，会找到量子理论的内在原因吗？ 80 多年以来，尽管量子理论经受住了实验的考验，但仍让物理学家们感到不安。尼尔斯·玻尔曾多年从一醒来就与量子理论进行战斗，他和爱因斯坦从未停止过对量子理论的争论。约翰·惠勒在 2001 年 89 岁时的一次心脏病发作后说道:“我或许没有多长时间了，我要利用剩下的时间去思考量子。”而队伍日益壮大的更年轻的物理学家们也恰恰正在为此而忙碌着。

为什么一个无懈可击地发挥着作用的理论如此困扰着物理学家们？他们感到不安不仅仅因为这一理论违反直觉和日常经验。相对论也是如此，但却没有困扰任何人。他们的不安来自量子理论处理的是令人恐惧的不可观测量（波函数），使得概率成为基本性质，并在量子领域和人类感知领域之间留下了模糊不清的边界。量子理论的内在原因如果有的话，一定会源于更下层或更上层。也就是说，这一原因可能会在最小空间和时间间隔的亚亚原子领域中发现，或者会出现在大尺度宇宙中那些控制宇宙运行的宇宙理论中。

我希望所有这三个问题的答案能在年轻读者的有生之年找到。如果找到这些问题的答案，必将重新改写已有技术和智力的极限。

量子物理与我们习以为常的世界

当你初次思考量子理论时，量子世界与经典世界看起来彼此大相径庭。在日常生活中，你看不到单个的光子；你也不会看到一个原子从某一量子态跃迁到另一个量子态，或者一个 π 介子突然消失而一个 μ 子和一个中微子涌现出来；你不会意识到原则上精确测量某个东西会有什么限制；你从未见过一个棒球同时通过两个狭缝或者由于其波动性而展示出干涉图样。实际上，量子现象与日常经验的截然不同恰恰说明了量子理论在人类历史上是一个科学后来者，并也因此使得量子现象看起来如此陌生和奇怪。在某个遥远星系的行星上，会有少数生物直接感受到量子现象，在那个星球的科学史上量子理论会更早被发现。但是这些生物是发现量子现象非常正规而可感知呢，还是他们也像玻尔一样永远思考着这些现象的含义呢？

如果你进一步思考，会意识到我们日常世界中的所有东西恰恰都与量子力学有关。原子有大小，所以物体有体积，而原子有大小是由于其量子性质。材料的颜色、质地、硬度以及透明度，常温下（固态、液态、气态）物质的性质，元素化学反应的难易程度……所有这些都最终依赖于规定原子内部电子行为的泡利不相容原理，因而也就依赖于电子是自旋 1/2 的费米子这一事实。临街店铺的霓虹灯发出的红光以及从钠蒸气街灯发出的黄光都是由于特定原子内的量子跃迁所产生的。地球内部非常炎热也是由于重元素发生放射性衰变并且几十亿年不断释放出能量造成的，这是弱相互作用、“不可贯穿”壁垒的穿透效应以及量子概率规律共同作用的结果。太阳放射出的光芒则是在强、弱以及电磁相互作用的共同作用下氢原子核逐渐熔为氦原子核的过程中释放出能量而产生的。类似的列举还可以继续。只有当我们进入卫星和行星运动的引力领域时，量子力学规律才会退居幕后。

有时在大尺度世界中也会出现更“纯”的量子现象。玻色－爱因斯坦凝聚就是一例。某些材料在低温下呈现的超导性质以及低温下液氦的超流动性也都是这样的例子。

你一定听说过永动机是不可能的，这是热力学定律的要求。专利检察员们例行公事地否决永动机专利不需要对它们进行深入研究，只需要根据这一发明违反物理规律就可以做出判断。但是这些规律往往是涉及不同部分相互作用的复杂系统规律。而在量子世界中永动则（幸运地）是平凡无奇的。* 原子中的电子从不会疲惫，摩擦也不会让它慢下来，它始终保持运动状态。在非常特殊的环境下，比如在超导体或者超流体中，这种在原子尺度很普遍的无摩擦永动也会在人类生活的尺度中表现出来，假如量子计算机能实现，也一定会利用到亚原子运动的无摩擦特点。

利用反物质?

反物质在理论上可以作为一种能源。正因为这样，又考虑到讨论这一问题的趣味性，我将在这里为这一问题留下一席之地。反物质的确是会“改写极限”的。假如反物质能够用于实际，也一定是在某个比我们更高级的文明中，对于我们人类而言，那还只是个白日梦。

没有什么——不论是反物质还是其他任何物质——是真正的能源，因为能量只能转化，不能产生和消灭。当你“消耗”能量时，你实际上

---

* 虽然微小的摩擦力最终会改变月亮和行星的轨道和自转，但实际上天体的永动也是很平常的。

是将它从一种较有用的形式转化为一种较无用的形式（并且通常还要为此付出代价）。不过称之为能源已是习以为常的了（也比较方便）。在日常应用中，一种能源要么存储能量（比如在汽油或者电池中——或者是在假想的反物质中）要么传送能量（比如太阳能或风能）。在各种物理概念中，能量是最多样的，因此在实际使用中存在大量各种不同的能量转化形式。

投入使用的能量或许只能存储很短的时间，甚至根本无法存储，比如驱动一艘帆船的风。也有可能可以存储几十年，比如壁炉中熊熊燃烧的木头中存储的能量。还有可能存储数百万年，比如火电厂中燃料煤所储存的能量。甚至于可能存储数十亿年，比如启动核反应的铀元素中的能量（最初源于很久以前的超新星爆发）。能量存储时限最长的要数为太阳提供动力的氢，从大爆炸之后不久的140亿年前就开始存储能量了。

由于氢是海水的主要成分，所以氢的化学能（与其核能相对）有时被称为是几乎取之不尽用之不竭的能源。但是实际上由于效率不足，从水中（或从碳氢化合物中）提炼氢所需要的能量要比氢燃烧或者氢燃料电池放出的能量还要多。氢是又一种存储和转化能量的途径，它很容易通过管道从一地输送到另一地，并且由此所造成的污染只限于制造地（这样便于控制），而不会在使用地造成污染，因而很有应用价值。

科幻小说中的反物质就如同真实世界中的氢一样，都可通过消耗一定能量从平常材料中获得，然后就是储藏、输送以及在所需要的地方转化成有用的能量形式。没有比反物质更有效的能“源”了，因此反物质自然成为进取号星舰的动力选择。当汽油在汽车引擎中燃烧时，汽油质量中不到十亿分之一的部分转化为能量。当铀核通过裂变驱动反应堆时，其质量中约千分之一的部分转化为能量。而如果用反物质和物质的湮灭去驱动进取号，反物质100%的质量都将转化为能量（如果包括湮灭物质的贡献在内那就是 200%）。反豆荚中的一粒反豌豆释放出的能量相当于 50 万加仑的汽油释放出的能量——足以驱动 1 000 辆车组成的车队行使一年。一粒反豌豆在湮灭中放出的能量与 1945 年夷平广岛的核弹相当。

那么所有这些有多大可能性实现呢？有一种倾向认为，只要人类投入精力去实现，任何在理论上的可能在实际中迟早都会实现。在本例中，我认为这一设想永远不可能实现。存储反物质就具有不可逾越的困难。反物质是 1932 年随着正电子的观测而发现的，反质子于 1955 年首次产生，反中子则是在 1956 年产生的。从那时起，反粒子就在高能加速器实验室中产生并进行研究了。不过始终都只是极少量，并且在这样的高能下不大可能形成反原子。位于瑞士的欧洲核子研究中心实验室的研究者们于 2002 年取得了巨大的进展，他们产生并存储了数百万反质子和数百万反电子（正电子），由此可形成数万个反氢原子，并可看到其中约一百个反氢原子的湮灭过程。正如你所猜测的，一个反氢原子由一个正的反电子围绕负的反质子组成。如果你想检验物质和反物质性质上的对称性，这是一个很有趣的研究项目，但不能作为实际的能源。在欧洲核子研究中心的实验中，带电反粒子（临时）储存在磁场中，从而不会与物质接触而发生湮灭。中性的反原子一旦形成，就会从磁场中逃逸并与容器壁发生湮灭反应。

一万个反氢原子听起来似乎很多，但对于实际使用能量而言，这就不算很多了。与一万个反氢原子具有相同势能的汽油少到不用显微镜都看不到。即便十亿个反氢原子全都湮灭，所提供的能量也只能驱动一辆汽车行驶千分之五英寸。要达到能量使用量，需要超过百亿亿（10^{18}）个反氢原子。所以星舰战队从未展示过他们的燃料是如何存储的。

实际上有些事情在理论上是不可能发生的，比如你所处的房间中的空气分子"决定"向房间的某个部分聚集，让你因为空气稀薄而气喘吁吁。（假如你在室外读书，而你大脑附近的空气分子瞬间消失，同样也会导致你呼吸困难。）这样的事情是不会发生的。它们发生的可能性可以很容易计算出来，像这种分子聚集的情况在宇宙的寿命中一次都不会发生。与那些让你出现呼吸困难的统计起伏的可能性相比，我们人类解决存储方法并进而使用大量反物质的可能性并没有那么微乎其微。不过对我来说，这似乎还是不大可能。

大多数反粒子，与大多数粒子一样，都是不稳定的。也就是说，它们单独存在时都很容易湮灭而自发衰变成其他粒子。反中子、反 Λ 子、反 μ 子等都是这样。在费米子中，只有反质子、反电子和反中微子是稳定的。反中微子无法囚禁，因此只剩下反质子和反电子是潜在的反物质能源。如果你喜欢奇思妙想，你可以说反中子可以与反质子一起形成反原子核从而稳定存在，这会导致形成一个反周期表。

宇宙中其他地方有没有反物质——甚至有没有反星系？不能完全排除这个可能性，但看起来似乎是不大可能的。如果有反物质区域，那么在宇宙中物质和反物质两部分之间就会存在边界地带，在这些边界地带迷失方向的电子和反电子将会相遇并且湮灭，从而产生具有特定能量——每个能量约为 0.5 兆电子伏特——的 γ 射线光子对，这种辐射尚未在星系际空间中探测到。（质子–反质子湮灭将产生很高能量的辐射，但由于它们出现在以 π 介子为媒介的能量范围，所以很难辨识出。）

不过即便没有"原生"反物质（大爆炸中遗留下来的），也会有一定数量的反物质在我们目前的宇宙中不断地通过一些高能过程而产生。有些反质子可在到达地球的宇宙射线中观测到，在我们所在星系的中心发射出的辐射中还可以看到正电子的湮灭辐射。

根据目前已被接受的理论，在大爆炸后第一个大约百万分之一秒，*宇宙是由夸克、轻子和玻色子（包括光子）组成的浓稠热汤（“大漩涡”或许更贴切）。当宇宙演化达到百万分之一秒，或许稍有误差，温度降低到十万亿度左右时，夸克就三个一组地形成数量不等的质子和反质子（还有中子和反中子）。由于物质－反物质存在微小的不对称——1964 年詹姆斯·克罗宁和瓦尔·菲奇发现电荷宇称不守恒（见第 8 章）——这些重子和反重子的数量并不相等，结果使得每十亿个反质子团附近都有十亿零一个质子。中子和反中子也一样不对称。此时膨胀中的宇宙冷却到大约一千亿度（在下一个约百分之一秒之内），湮灭吞噬了所有的反重子以及几乎所有重子。（当宇宙年龄大约为 15 秒时，许多较轻质量的正电子随后也消失了。）**

今天包括星系、恒星、行星以及你和我的宇宙是由剩余的十亿分之一所组成的。目前宇宙中的光子数相当于每个质子对应十亿个光子，并且似乎包含的反质子数并不多，这一事实支持了这一理论。正如瓦尔·菲奇提出的，物质和反物质轻微的不对称正是我们存在于此的原因。

态叠加与纠缠

在第 9 章中我曾讨论过不同波长的波的叠加导致波的定域（或部分定域）。现在我们再次回到德布罗意公式（$\lambda=h/p$），不难看出波长取决于动量：每个特定的波长，都有一个特定的动量。这意味着波长的叠加就等价于动量的叠加（或混合）。因此我们所说的一个电子的单个运动状态——比如在氢原子中——可被认为是动量各异的许多不同态的混合，

* 此时宇宙会发生极大极快的膨胀（即所谓的暴胀），不过这一过程超出了本书的讨论范畴。

** 如果宇宙的总电荷为零（显然如此，但没人知道为什么这样），那么宇宙中存在的电子数显然等于质子数。

那么一个能量就对应着许多动量。

在前一段中我所列出的性质可被称为量子力学的特性——量子理论区别于经典理论的最重要的特点。例如，在经典理论中，一个绕核运动的电子，在每个瞬间都有一定的能量和一定的动量。动量确实在不断变化，但在同一时刻动量可能具有两个或者更多个值的思想与经典理论完全不同。经典物理学家可能会认为这一思想毫无意义，但是态叠加的确是量子理论的基本原理，一个粒子或者一个原子核或者一个原子的每个运动状态都可被认为是由许多其他态叠加（或混合）而成的，有时甚至是由无限多个其他态叠加而成。这正是量子世界看起来如此奇特的主要原因。

如果你问："当氢原子中一个电子在低能态运动时，在特定时刻该电子的动量是什么？"量子物理学家会回答说："是大量不同动量的混合。"假如你继续问："可是难道你不能测量电子的动量并搞清楚这个动量到底是多少吗？"量子物理学家一定会说："是的，我可以——如果我这样做了，我会得到特定的动量，是测量行为在众多混合的动量中选择了一个。"这正是态叠加和概率联合作用之处。如果在许多全同原子中多次重复同一测量，将会得到许多完全不同的结果。任何特定结果的概率都取决于不同动量混合的方式。每个动量都以一个不同的"幅度"纠缠在一起，每个幅度的平方给出特定动量的测量概率。* 这里非常重要的一点是，态叠加并不意味着一个电子可能具有某一动量或者另一动量，我们并不知道电子具有哪个动量。态叠加意味着电子同时具有所有的动量。如果你不能将这一点形象化，别担心，量子物理学家们也不能，他或者她已经习惯了如此。

---

* 正如先前提到的，概率实际上是波幅的模平方，而波幅可以是复数。

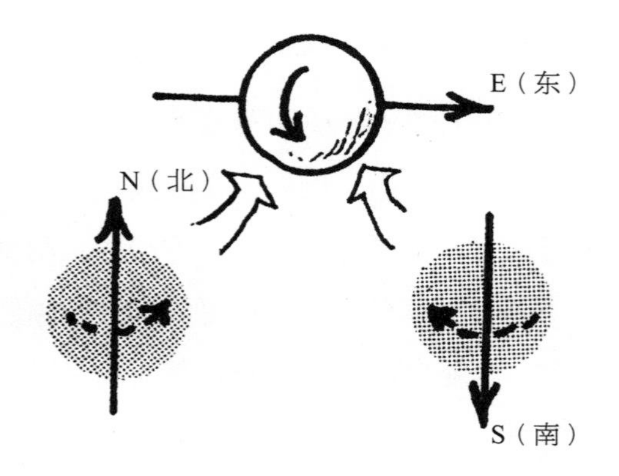

图48 指东自旋相当于指北自旋和指南自旋的混合

这里还有一个态叠加的例子，只有两个态混合而成的状态。如图 48 所示，某个电子自旋指向东。我们通常说一个电子的自旋只能指向上或下两个方向，但实际上只要是相反的任意两个方向都可以。因此如果电子自旋指向东，就不可能指向西，它的自旋指向是确定的。我们说该电子处在自旋向东的一个确定态。不过与所有其他量子态一样，这个态可被认为是其他态的叠加。例如，这个态可被视为是幅度相同、自旋指向南和北的那些态的叠加，如图 48 所示。如果一个实验学家设计建造出一个测量装置观察自旋是否指向北，那么实验实际找到指北自旋的机会为 50%。换句话说，一个已知指向东的自旋在测量时将会有一半的时间指向北（还有一半的时间指向南）。指北自旋和指南自旋的大小在数值上都是 0.707，它们的平方都是 0.50。与此同时，指东自旋的大小为 1.00 而指西自旋的大小则为零。

可能你现在很想知道你的脑袋正在旋向何方。不过情况可能更糟，如果你的脑袋是一个电子，那么沿着你所选择的轴，它的自旋将同时指向两个相反方向。例如，具有指东自旋的电子也可认为是指向东北的自旋和指向西南的自旋的叠加态，如图 49 所示。实验学家如果想测量自

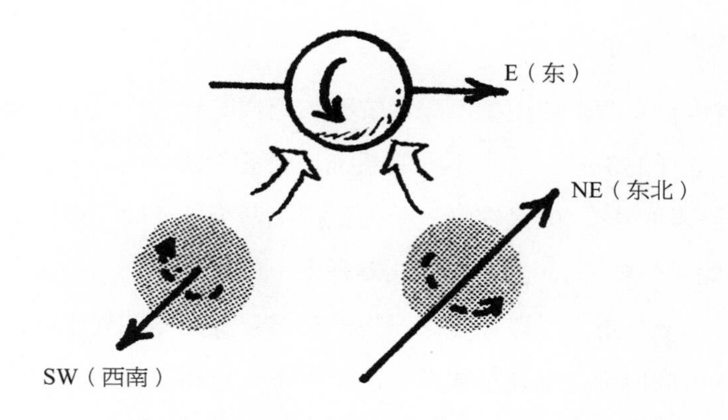

图49　指东自旋是东北指向自旋和西南指向自旋的不均匀混合

旋是否指向东北，就会发现有 85% 的时间自旋是指向东北，而其余 15% 的时间则不是（假设重复相同实验很多次）。

总结：任何一个粒子或者一个原子核或者一个原子——或者任何量子系统——的单个态都是两个或者更多其他态的叠加（或混合）。它们按照一种奇特的方式混合，并不像蛋糕成分那样完全失去个体性，也不像交通路线那样彼此分离。量子混合（态叠加是这一混合的术语）不可分离地参与进每个部分，或许用掺和更形象。就如同落入池塘中的两个石子激起水波的交叠，只要这一系统不被干扰并且不去测量，这种交叠就会一直保持下去，就像捉迷藏游戏一样。系统被观测的时候，或者当它与某个“经典”物体（并不一定是人类观测者）相互作用时，就会奇迹般地析出混合的一个组分，而其他组分也同样奇迹般地消失了。这些组分表明它们本身受概率控制——这是作为量子世界组成部分的根本性概率。

当系统的两个部分在空间中相隔较远时，态叠加就变得十分有趣了，在下一节中我将讨论这样的一个例子，即延迟选择实验，其中单个光子以两个态的叠加态形式存在，这两个态具有完全不同的轨迹，实际上，这个光子被分开了。

有时也会有两个或更多不同系统叠加而成的状态，玻色－爱因斯坦凝聚就是这样的例子，其中不同的系统（原子）在空间完全叠加。不过还有另外一种可能，就是在同一个位置产生两个处于同一叠加态的“系统”（比如两个粒子），之后它们飞离开来。例如，一个实验者可以安排一个电子和一个正电子碰撞湮灭产生一对总自旋为零的光子。由于每个光子都有单位自旋，这就意味着这两个光子无论相隔多远，它们的自旋指向都必须保持相反。参与叠加的两个状态，其中一个状态：光子 1 自旋向上，光子 2 自旋向下。另一个状态则情况正好相反：光子 1 自旋向下，光子 2 自旋向上。电子和正电子湮灭时即产生叠加态，可表示为：

（1 上，2 下）+（1 下，2 上）

这两种可能性相互掺和或者混合，并且一直保持这种状态直到其中一个光子的自旋被测量或者与其他物质发生相互作用。一个实验者从两个光子产生之处开始追踪了 5 米（或 5 光年）以测量光子 1 的自旋，发现其自旋指向上，该实验者同时也就知道了光子 2 的自旋指向下。但是测量可能已经导致光子 1 的自旋指向下，这种情况下光子 2 的自旋就必须指向上，这正是量子力学深深困扰爱因斯坦的“鬼魅般的超距作用”。每个沿着单独路径运动的光子都处于自旋向上和自旋向下两种可能状态的叠加态，测量行为将会测量出这些可能性中的一个，并立即揭示出另外一个光子自旋的方向——而在此刻之前，它还处于自旋向上和自旋向下的混合态。我在这里所描述的情况已经很接近实际实验了。实际实验中使用的光子是原子发射的而非粒子湮灭产生的，实验中光子相隔数米而非数光年。但是毋庸置疑，如果光子能够不受阻碍地飞行数光年，如果我们能够请外星人协助测量，那么实验结果依然还是会证实基于量子态叠加的这些预言。

当态叠加涉及两个或更多分散于空间的系统时，通常被称为纠缠。这是一个很贴切的表述，你可以看到两个飞离的光子的状态实际上就是纠缠着的——有点像家庭成员，不论他们分离有多远，在生活上都是纠缠的。不过从根本上来说，态叠加和纠缠实际是一回事，因为两个叠加系统就组成一个单独的系统。而原则上单个原子的两个叠加态和两个叠加的原子之间没有什么不同。在上段我们所讨论的例子中两个飞离的光子实际都是系统的一个部分，可用一个波函数描述它们共同的运动。

像电子这样自旋可以指向两种可能方向的系统被称为一个量子位（qubit，发音为 CUE-bit），它是类似于计算基本单位的二进位，但是它们之间也存在着重要的区别。经典位要么开要么关，要么上要么下，要么零要么一，但两种可能绝不会同时出现。而量子位则可以两种可能同时出现。由于态叠加，一个量子位可以以开关、上下或者零一的混合态形式存在，并且不必均等混合。例如，量子位可以是 87% 的上和 13% 的下，或者任何其他混合形式。因而量子位原则上要比经典的开 – 关、是 – 否位包含更多的信息。

量子位的性质近年来促进了量子计算新领域（目前仍完全是一个理论领域，距离实际实现还很遥远）的快速发展。量子计算的指导原则是设计合适的“逻辑门”（大体上与每台计算机的核心部件相同）以同时处理开和关或者零和一等量子位的可能性，而不是像经典逻辑门那样仅仅处理非此即彼的信息。理论上这一技术将使处理能力提高远远不止两倍。如果设想一个由许多叠加量子位组成的系统，那么就要用大量的振幅来描述量子位混合的所有方式。两个量子位可以按四种方式混合，十个量子位可按照一千种方式混合，而二十个量子位就是按照一百万种方式来混合了。逻辑门在此态叠加系统上只作用一次就需要能够立即处理所有这些可能性——要能在不干扰该系统的情况下实现，因为任何相互作用将会以一定概率导致所有可能性瞬间塌缩为其中一种。因此量子计算的理论学家们必须思考，一个态叠加（或纠缠）系统如何在处理器下幸免于难，并且随后还能在另一侧出现以供分析。

信息最终必须从量子位或者量子位的纠缠集中提取出来，这如果能实现，那就太棒了！——正好提取出来一个经典信息位。到那时，测量行为从无数叠加可能性中仅仅提取出其中之一，那么这会抹杀量子计算机的理论优势吗？不，不会的。因为在众多问题中，单一的简单答案才是需要的答案。尽管在这一领域从事研究的科学家们认为量子计算未来不大可能应用于天气预报，但量子计算确实为需要复杂输入以获得简单输出提供了例证。例如，你可能会问：明天费城会下雨吗？要简单回答是或者不是，需要输入大量数据和大量的计算，在这种问题中，量子计算可能会大显身手。量子计算的先驱大卫·多伊奇 [David Deutsch] 是一位深居简出的天才，他很少出门，经常待在位于英国剑桥的家中。他指出，从量子计算中最终提取出的单个信息位可以是所有叠加振幅的干涉结果，因此可以说最后的答案中已经包含了态叠加中的大量信息。*

延迟选择

90 多岁时的约翰·惠勒仍然很顽皮，他常以传说中的彬彬有礼和始终如一的友善来表明他只不过是一个十几岁的近视孩子。他说作为约翰·霍普金斯大学 20 世纪 20 年代末的一名学生，当他在校园中穿行时，很想问候遇到的所有朋友。但是由于视力不好，他无法辨认迎面

---

* 更多有关量子计算以及大卫·多伊奇的信息，请参看朱利安·布朗 [Julian Brown] 所著《探索量子计算机》[*The Quest for the Quantum Computer*]（纽约：西蒙和舒斯特公司，2000 年）。

约翰·惠勒 [John Wheeler]（1911—2008），约摄于1980年。承蒙约翰·惠勒许可使用照片

走来的是一位朋友还是一个陌生人。保险起见，他通常总是面带微笑，有时还会向他经过的所有人挥手致意，这已成为一种习惯。

不论惠勒的视力多么有限，他的眼力很大程度上并未受到影响。他超出自己所在时代物理水平的高瞻远瞩与他的热情一样著名。例如，他提出存在真子（光子高密度集中以至于全部光子绕着共同的中心作圆周运动，没有任何物质实体——尚未观测到物质实体，这些光子是通过自身引力来保持轨道运动的）；他在大部分物理学家真正相信之前就命名并探索了黑洞；他引入了极小距离和极短时间的所谓普朗克尺度，在这一尺度上，量子不确定度作用于时空本身而产生“量子泡沫”（惠勒的另外一个创造）；通过他的格言“一切源于比特”（真实世界——“一切”——可能最终都基于信息，或者“比特”），可以说他开启了当前量子信息理论所有研究的新纪元。在这一节中，我将对惠勒在 1978 年提出的一个超出当时水平的实验进行描述，不过现在已经在很多实验室实现了，这一实验是 1984 年由马里兰大学的卡罗尔·埃里 [Carroll Alley] 和他的合作者开创的。* 该实验是在一个光子离开光源较长时间后，允许一名实验者决定这个光子是应该沿着单一轨迹进入探测器，还是沿着两条叠加轨迹进入探测器。

为了描述这一实验，我打算借用惠勒 1998 年出版的自传《真子、黑洞和量子泡沫》中提到的棒球场。如果你不熟悉美国棒球，请找一个熟悉的人帮你。我将扮作一名实验者，在本垒后面稍偏离其一侧的位置，建立起一个光源，可向装配在本垒上方的半透半反镜发射光子束。半透半反镜是一块镀有很薄一层银的玻璃，只能将照射到其上的光反射一半，而让另一半光通过，那么单个光子就有 50% 的机会被反射，有 50% 的机会通过。你还能猜到另外一种情况：一个打到半透半反镜上的光子将

---

* 各种有关纠缠和延迟选择的实验目前已经在全球的实验室中开展起来。

既反射又透射，其波函数是分散的。光子在打到半透半反镜上后，将处于两种不同传播方向的叠加态。

我建立起的半透半反镜可以使通过它的光打向第一垒，被它反射的光则打向第三垒（如图 50）。在上述两垒的位置我放置了全反镜，使得所有光线（或者说所有光子）都会被反射到第二垒。第二垒上方什么都不放，但在其左右分别放置探测器，这些探测器将会记录到达的光子（所有光子！）。左侧探测器发出一次嘀嗒声就说明从第一垒打来一个光子，右侧探测器发出一次嘀嗒声说明从第三垒打来一个光子。到目前为

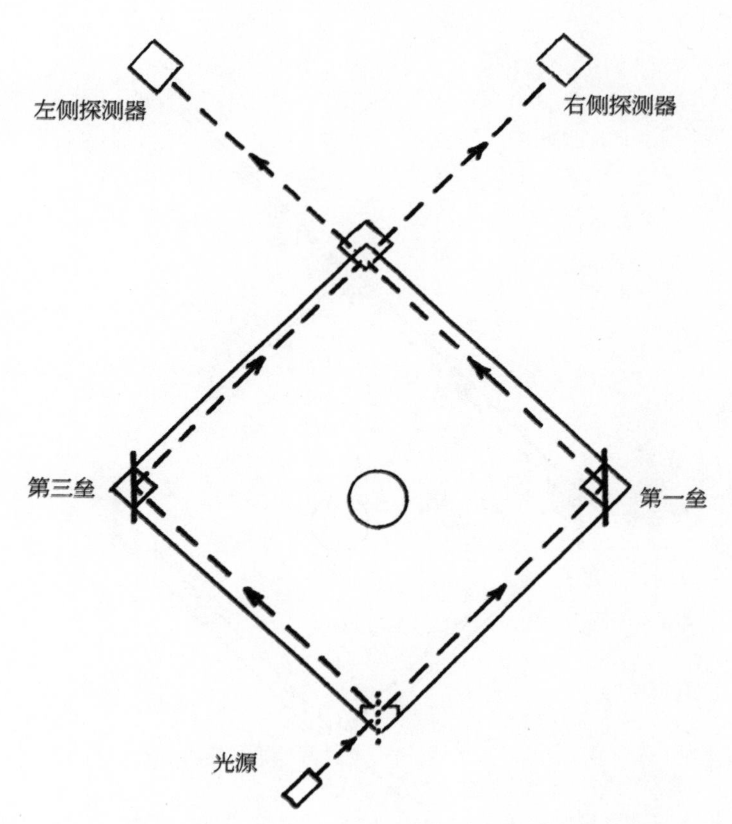

图50　第二垒上方什么都没有，每个光子有50%的机会到达左边，50%的机会到达右边，因此每个探测器都将探测到一半光子

止，尚无态叠加的显著证据——只是对两个单独路径的概率进行了测量。平均而言，左右两侧将会各探测到一半光子。

为了证实光子确实同时沿着两条路径运动，我再用一个半透半反镜放置在第二垒上方，这样来自第一垒的光有一半会被反射到右边，另一半则会直接透射到左边。而来自第三垒的光则有一半被反射到左边，另一半直接透射到右边。通过仔细摆放该半透半反镜可以使两束射向左侧的光发生相消干涉，而两束射向右侧的光发生相长干涉。从经典角度去思考，很容易预测其结果。所有光都将抵达右侧（如图 51）。沿着垒线

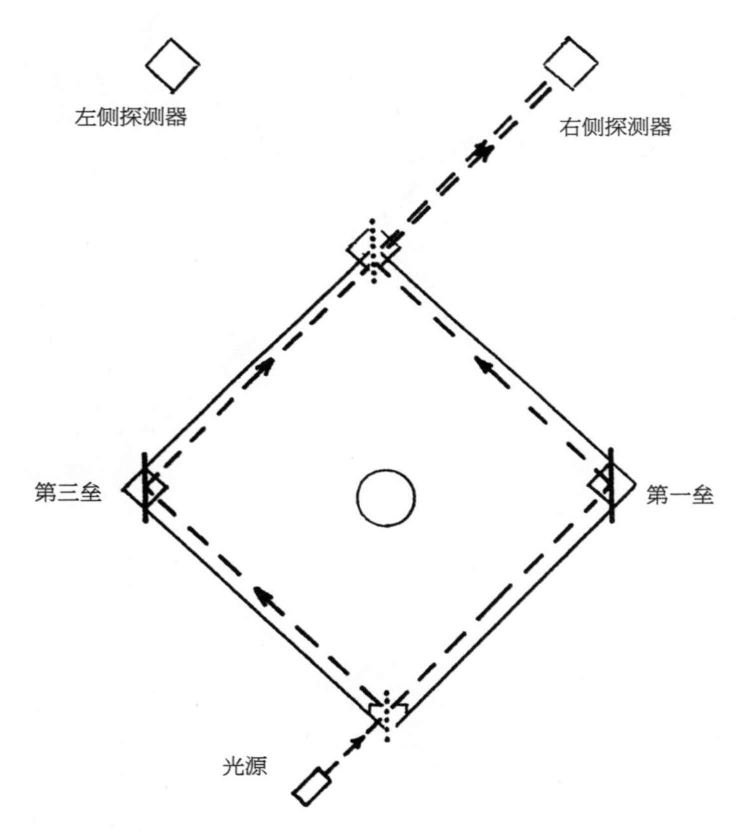

图51　在第二垒上方放置一个半透半反镜，干涉导致所有光子都到右边去了

传播的光波，向左侧传播的将彼此相消，向右侧传播的将彼此加强。那么单个光子是怎样的呢？正如惠勒的正确预测，右侧的探测器不断发出嘀嗒声，说明不断有光子抵达那里，而左侧的探测器则没有任何声音。只能有一个结论：每一个光子都是同时沿着两条路径运动的。所有光子都抵达右侧的现象只能通过光子波函数（或振幅）进行解释。光子的波函数先分散再汇聚，从而光子波才会与自己发生干涉相长或干涉相消。

因此我可以有所选择。我可以不在第二垒上方放置任何装置，此时，我的测量显示出每个光子运动的路径。我也可以在第二垒上方放置一个半透半反镜，此时我可以证实每个光子都是同时沿着两条路径运动的。现在我来介绍延迟选择。我将我的光源打开仅仅 1 纳秒（ns，1 秒的十亿分之一），在这么短的时间内，光源实际上也就发射出几十个光子，然后我休息 40 到 50 纳秒，想想接下来要做什么。由于一个光子的运动速度约为每纳秒 1 英尺，所以在我做出决定时，当初那些从光源极短脉冲中发射出的光子已经离开本垒很远了，但是它们到第二垒还有点距离，所以它们还在途中。

假设我决定搞清楚每个光子所走的路径，这很容易。在第二垒上方什么都不放置，然后统计我左右两侧探测器记录的到达光子，每个探测器应该各记录下一半光子。这表明到我做出决定的时候，每个光子已经“被交给”了各自的路径，要么通过第一垒，要么是通过第三垒。假设我改变决定——在每个光子恰好处在自己路径上之后——想看看是否每个光子都同时处在两个路径上，那么我将半透半反镜放置在第二垒上方，这时所有光子都会奇迹般地抵达右侧的探测器。这说明每个光子都与自己发生了干涉，而且每个光子都是同时沿着两条路径运动的。

我还可以再做一件事，把半透半反镜留在第二垒上方，并派一名教练员堵在本垒到第一垒之间的路上（如图 52），看看你能不能弄清楚会

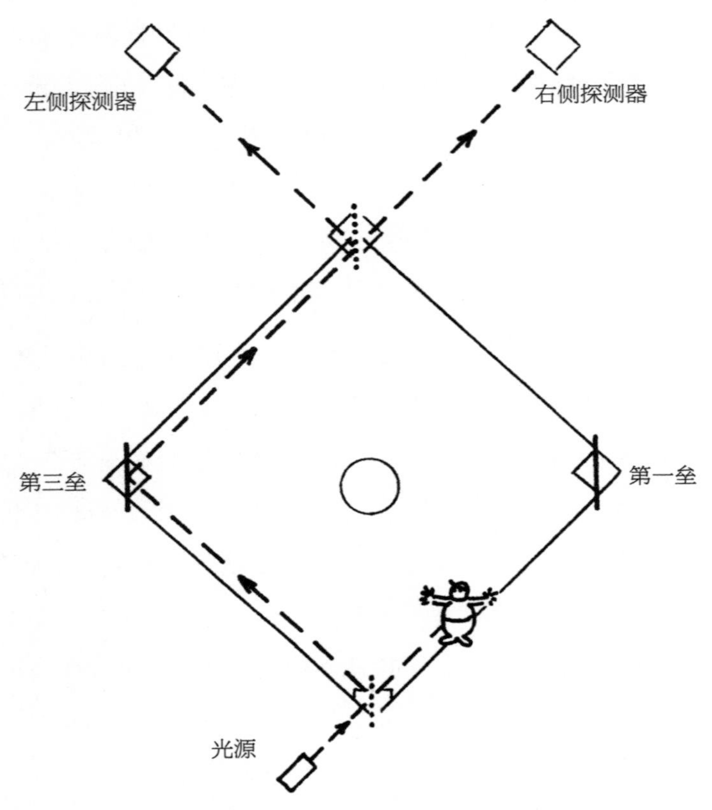

图52　当教练员堵住去往第一垒的路径时，到达左右两侧的光子数相等

发生什么。现在没有光子（或光子波）能通过第一垒这条路径，所有到达第二垒的光子（或光子波）都一定是通过第三垒过来的。此时两个探测器发出的嘀嗒声频率相同，每个从第三垒到达第二垒的光子都有 50% 的机会直接透射到右侧，还有 50% 的机会被反射到左侧。干涉消除了，光子再次成为沿着特定路径运动的单个粒子。

根据现代电子学，很难在几纳秒这么短的时间内做出"决定"。如果该实验能在实验室房间内进行，那么在棒球场也一定能进行。正如约翰·惠勒所说，没有理由在宇宙距离上不能进行。考虑一下从遥远类星体发射出的能够抵达地球的光有两种可能路径。光可以在星系 A 附近传播然后被偏转，比如说向左偏转使它射向地球。（光被引力偏转现在已经广为接受并能经常观测到。）或者光在星系 B 附近传播并被偏转，比如向右偏转使它沿另一条路径射向地球。如果一位天文学家将望远镜对准了星系 A，他或她会看到那些在该星系附近通过的从类星体发出的光子。如果观察星系 B，天文学家就会看到星系 B 附近通过的那些光子。不过天文学家还可以做点别的。他或她可以在天文台里能够接收到来自两个星系的光的位置放置一面半透半反镜，然后（理论上）沿着两条不同路径传播的光将会发生干涉，并只在一个方向上产生可见的光子（与只有右侧的情况类似）。天文学家可以在光离开类星体十亿年之后才决定是否寻找特定路径或者寻找两条路径之间的干涉。用爱因斯坦的话说，这太诡异了，但这却是事实。

量子力学与引力

量子泡沫

我已提到过量子泡沫，即时空在 10^{-35} 米的空间距离与 10^{-45} 秒的时间间隔上的动荡。科学家们对这一尺度远远小于原子核大小的世界进行了研究，发现在这一世界里引力和量子理论之间毫无相互作用。但是正如惠勒所指出的，如果设想对更深层次时空结构进行探求，你终究会到达这样一点，其特征粒子的涨落和不确定度就是其本身。我们周围空间的光滑均匀以及时间的流逝都要让位于无法想象的神奇漩涡之中，这是普朗克尺度的物理（是马克斯·普朗克本人都望而却步的），目前理论物理学家们正在开展广泛的研究。

弦

小于普朗克尺度，或者比之略大一些的尺度上，假想的弦是另外一部分理论物理学家所研究的概念。根据弦理论，物理学家们视为（以及数学处理为）粒子的物质，也就是以一个数学点的形式存在的物质，实际上都是在振动的微小的弦，要么是线状，要么是环状。弦的振动产生了我们称之为粒子的物质的质量及其他性质。弦理论的数学形式非常复杂。这一理论还被用来解释基本粒子的实际性质。由于有可能实现量子理论和引力理论的统一，所以弦理论极具吸引力。其众多引人入胜的特点之一就是将点粒子——这无论是对于哲学还是数学都是棘手难题——替换为分布于空间小区域内的一种实体。设想一个电荷严格存在于一点，该电荷附近的电场强弱与到该电荷的距离的平方成反比，因此，如果你离这个电荷越来越近，电场将无限增大，在电荷处，电场将无限大。这还只是关于点粒子无限性的一个例子。如果我们称为粒子的物质以及那些看似存在于一点的物质最终表明都占据一定的空间区域——尽管小到难以置信——物理学家们将会非常高兴。

蒸发黑洞

黑洞通常被定义为被强引力环绕的一种实体，任何物质，甚至包括光，都不能从中逃离。这在 1974 年之前一直是个很好的定义，1974 年英国著名物理学家斯蒂芬·霍金根据量子理论提出有些物质可以从黑洞中逃逸，并且黑洞确实可以逐渐蒸发，直到其质量完全辐射掉。这一切都源于约翰·惠勒对他的研究生雅各布·贝肯斯坦 [Jacob Bekenstein] 所说的一句话。“雅各布，”惠勒说（大意），“如果我在桌上放一杯热茶并且让它冷却，那么我在犯罪，因为我使热茶中的热量传递到了较凉的房间中，增加了世界的无序性，从而让宇宙总体恶化。但是如果我把这杯热茶倒进黑洞，我就是将功赎罪，这种做法不会增加无序性。”据惠勒说，贝肯斯坦数月后再次来到办公室时对惠勒说（这里仍为大意）：“你无法将功赎罪，黑洞也有熵（无序性的一种量度），所以当你将茶倒进黑洞时，你就增加了宇宙中的无序性，并且与你放在桌子上的茶一样都确定无疑地促进了宇宙的灭亡。”

霍金起先很难接受贝肯斯坦提出的这一观点——黑洞具有熵。但是在他接受这一观点后，他便开始沿着这一思路进行思考：如果黑洞有熵，那它一定有温度；如果黑洞有温度，那它一定有辐射（就像太阳辐射和所有物体的辐射一样，不论有多冷，都存在某种程度的辐射）。但是假如任何东西都无法从黑洞中逃逸，辐射从何而来呢？霍金认为可用真空中虚粒子不断的产生和湮灭来进行解释。通常，一对粒子——比如一个电子和一个正电子——一旦出现，它们会迅速湮灭，恢复瞬间的平静。* 但是如果这个粒子对恰好是在一个黑洞的“视野”内产生，也就是说恰好处在任何物质都无法逃逸的内部区域与可能出现逃逸的外部区域之间的边界上，很有可能会出现这样一种情况，即产生的粒子对中有一个粒子被吸进黑洞，而另一个则飞离黑洞，其净结果就是黑洞的部分能量提供给了逃逸粒子，而黑洞的质量则略有减少。霍金的计算结果表明，对于质量很大的黑洞，“蒸发”速度都非常慢，但是对于趋向死亡的小质量黑洞——或者是处在初始状态的小质量黑洞——蒸发速度就很快了，黑洞将在最终的一次大爆炸中消失。不过到目前为止，尚未观测到有黑洞以这种方式终结。但是如果真的出现这种结局，惠勒将难辞其“咎”。

* “平静”其实并不是很恰当的描述，因为产生－湮灭过程随时随地都在发生，使空荡荡的空间生机勃勃。

暗物质

暗物质的神秘性是当前宇宙中众多神秘现象之一，粒子物理和量子理论可能有助于这一问题的解决。很长时间以来，天文学家和宇宙学家们都认为宇宙中大部分物质是明亮可见的。在我们自己的太阳系中，也有一些暗物质，即行星和小行星。但是所有这些暗物质的总质量远远小于太阳的质量，甚至可以近似认为发光太阳的质量就相当于整个太阳系的质量。对于外星的天文学家，如果他或她（或者它）只考虑太阳的质量而忽略太阳附近未知和不可见物体的质量，也不会有什么大问题。我们同样可以合理地假设其他恒星系与我们的情况一样——中心的一个巨大恒星周围环绕着一些微不足道的暗物质团。还应指出的是，发光不仅仅指可见光，天文学家也能“看到”太空中发出红外波、紫外波、无线电波以及 X 射线的物体。暗物质则是真正黑暗的，不会发射出任何可探查到的辐射。（冷物质以及大的黑洞也会有些辐射，但在宇宙距离中无法观察到。）

即便暗物质一点辐射都没有，也可以通过其引力效应显示其存在。所有物质无论已知还是未知，都会向外施加引力或者受到引力作用。近年来，天文学家已收集到令人信服的证据，表明宇宙中存在大量暗物质，目前他们估计暗物质的质量约为发光体质量的 5 倍。证据的一个来源是旋涡星系的转动速度。星系中恒星的转动与轮子的转动不同，特定恒星的转动速度取决于该恒星到星系中心的距离及该恒星轨道内的总质量。通过研究其他星系中恒星的运动，天文学家得出结论认为这些恒星受到的拖拽作用远远超出其他恒星对它们施加的作用。星团中全部星系的运动方式表明，存在着远比我们所能看到的“外层空间”多得多的质量。这是一个令人吃惊的结论，我们以为我们可以“看到”宇宙，而现在我们却发现宇宙的大部分我们看不到。

什么是暗物质？没人知道，这是宇宙中最引人注目的问题之一。如果有一天能找到答案，必将使一系列其他问题变得清晰起来，比如大爆炸后的瞬间到底发生了什么？最直接的想法是暗物质组成了大块的普通“材料”（灰尘、石头、行星以及小到无法发光的恒星）。另一种想法则是暗物质由中微子组成，中微子的质量是未知的，但是它们可能重得足以成为暗物质的候选者。还有一种极不平常的想法认为，暗物质是由至今尚未在实验室中发现的新型粒子组成的（由于没有更好的名字，故称为奇特粒子）。这一想法确实是最令人兴奋的答案。假如这种假想粒子很重（至少与质子一样重），那么它们一定是弱相互作用的，否则不会至今尚未被观测到。因此，它们被称为 WIMP 子，即“弱相互作用重粒子 [weakly interacting massive particles]”。那么，它们最终会出现在附录 B 的粒子列表中吗？

暗能量

关于宇宙的一种普遍的假设——这种假设正得到日益增加的证据的支持——认为宇宙将永远膨胀下去，甚至有证据表明是在加速膨胀。我来解释一下这一假设何以如此不可思议。考虑从地球表面向上发射一个物体，假如这个物体是一个棒球或者是一个玩具火箭，它将在上升到一定高度之后瞬间停止，然后落回地面。如果这个物体是一艘发射速度超过所谓逃逸速度的太空船，它将飞出地球，并不断减慢速度，直到它在外层星际空间达到某一最终飞行速度。如果太空船的发射速度恰好等于逃逸速度，它将勉强逃离地球的引力场并将继续飞行，但速度会不断减慢，直到在远离地球处速度为零。所有这三种可能性都有一个共同点，即发射体的推进力一旦停止就开始减速，而绝不会加速离开地球（一旦被送入轨道）。

不久前，科学家们假设宇宙作为一个整体也具有这三种选择。从大爆炸中弹射出的宇宙物质，将向更大的空间不断膨胀，然后过程反转，崩溃形成最终的“大坍缩”，这一过程与棒球或玩具火箭的反转飞行相类似。理论认为，如果整个宇宙的全部能量（质量能加上其他形式的能量）大到足以使引力将膨胀停止，那么这种崩溃就会发生。或者宇宙总能量非常小，从而造成引力很弱，那么宇宙将持续膨胀下去，其膨胀速度逐渐减慢，直到接近某一恒定膨胀速度为止（最终飞行速度）。在恰好处于某一临界能量时，宇宙将勉强维持持续膨胀的趋势，这种膨胀很缓慢但不会停止。

下面来看看 1998 年首次报道的、证明宇宙正在加速膨胀的令人吃惊的证据。研究者考察了位于遥远星系中的某种超新星的性质，对其速度和距离都进行了测量。与宇宙膨胀学说所期望的一样，研究者们观测到了天体加速远离的景象，但是数据显示了令人惊讶之处：离超新星越远，也就是说研究者越是远离过去，其速度与减速或者匀速膨胀所预期的数值就相差越大，这表明现在的膨胀速度要大于数十亿年前。简而言之，宇宙正在加速膨胀。理论学家们如“西部警官”拔枪的速度一样快，毫不费力地给出了解释，他们将加速膨胀的责任归咎于暗能量。

暗能量是什么？首先，它是暗的，如同暗物质，也就是说不可见。它不会通过任何可在地球上探测到的辐射来表明其存在。其次，它是能量。而这似乎使它类似于同样也是一种能量形式的暗物质。但是在暗物质和暗能量之间存在着两大不同。第一，暗物质被认为是由分散在空间中的细小物质所组成的——不论那些“细小物质”是单个粒子还是石头或者行星甚至黑洞；而暗能量则是均匀分布于空间中，甚至可认为它是空间的一种性质，它不会凝结为细小物质，且无处不在。

第二，暗物质是吸引性的，而暗能量则是排斥性的。这需要做些解释。暗物质与所有其他物质一样，被认为是通过引力作用吸引所有物质，与普通物质一样，它会降低宇宙膨胀的速度。暗能量并非真正排斥物质，而是由于它会导致空间本身膨胀，从而间接地造成看起来好像将物质排斥开来。因此，暗物质和普通物质都会使宇宙膨胀减速，而暗能量则会使宇宙膨胀加速。理论认为暗物质和普通物质的减速作用将会随着时间流逝而减弱（宇宙各部分更加远离），而暗能量的加速作用则保持恒定。这意味着在将近 140 亿年之后，加速已超过减速，并将永远保持这种优势。

普通物质、暗物质以及暗能量的一个共同点是，它们对空间曲率的影响。空间是像篮球表面那样具有“正”曲率，还是像马鞍表面那样具有“负”曲率，或者像犹他州的邦纳维尔盐碱滩一样是“平”的，很大程度上依赖于宇宙的总能量。宇宙是平的，这一著名论断是在 20 世纪 90 年代晚期由宇宙学家给出的（证实了早先大部分宇宙学家的期望）。此外，各种不同来源的证据也表明，导致这种平面宇宙的能量贡献为：普通物质 4.6%，暗物质 23%，暗能量 72%。不仅我们的地球在广阔的发光物质宇宙中只是一个最小的斑点——甚至所有发光体相对于“外层空间”总能量而言也只是很小的一部分。

在结束暗能量之前，我想介绍一点相关的历史。

爱因斯坦在 1915 年独创性地提出广义相对论后不久，就开始专注于研究宇宙问题，因为其方程预言宇宙是动态的，也就是说要么膨胀要么收缩。当时尚无证据表明宇宙是动态的，爱因斯坦与几乎所有其他科学家一样，认为宇宙是静态的（即其内部成分转动且不断运动，但其整体并不增大或收缩）。因此，他在他的方程中增加了被他称为宇宙常数的一项，其效果是抵消引力——实际上是反引力作用——从而允许静态宇宙的存在。

10年后，美国天文学家爱德温·哈勃 [Edwin Hubble] 发现宇宙实际上是在不断膨胀的。因此，似乎根本不需要宇宙常数。爱因斯坦没有宇宙常数的原始方程似乎就能很完美地说明大爆炸的所有后果。据说爱因斯坦宣称他在方程中引入那个常数是他最大的失误，* 这个常数因而在物理学中消失了将近75年。

但是加速膨胀需要它。爱因斯坦称为宇宙常数的那一项（平凡无奇的一项）很有可能就是现在被称为暗能量的部分，这一新的方程项更为清晰地传递了关于这种奇特的空间反引力弯曲的物理思想。理论上，假如暗能量恰好达到合适的强度，它就能使宇宙静止，但是，它并没有这样做。现在的证据表明，暗能量相对于常规引力具有压倒性优势，才推动宇宙更快地膨胀，爱因斯坦“最伟大的失误”或许也正是其天才的另一种体现。

一个怪诞的理论

我和夫人常与孩子们一起玩一种名称替换的文字押韵游戏，我们称之为谑语。一个人给出一个描述词，比如“高档且套头穿”，另一个人得想出与之押韵的答案：“质优的针织衫”。要是说“幻灭失望的山顶”就得对“愤世嫉俗的顶点”等等。“量子力学”是什么呢？是一种“怪诞的理论”。在本书中，我已通过基本粒子以及原子和原子核说明了这一点。物理学家们自己也常说，他们越思考量子力学就越头晕目眩。正如我先

* 据说爱因斯坦是在与乔治·伽莫夫（在德国）谈话时做此评论的。虽然爱因斯坦从未在出版物中提过他的这一“最大的失误”，但这已成为他最著名的一句话。

前所提到的，量子力学的怪诞不仅仅是因为它与常识相悖，还有更深层的原因：它处理不可观测量；它表明自然界的基本规律是概率性的；它允许粒子同时处在两个或者更多的运动状态；它允许粒子自己与自己干涉；它认为两个相距很远的粒子可以彼此纠缠。所有这些都使许多物理学家相信量子力学是不完备的，尽管在解释亚原子现象时它已得到了长期而有效的检验。越来越多的物理学家认可约翰·惠勒所言“为什么会有量子？”是一个非常好的问题。

附录

附录 A　测量值及数量级

表 A.1　大小数量因子

因子	名称	符号	因子	名称	符号
一百 10^2	百	h	百分之一 10^{-2}	厘	c
一千 10^3	千	k	千分之一 10^{-3}	毫	m
一百万 10^6	兆	M	百万分之一 10^{-6}	微	μ
十亿 10^9	吉	G	十亿分之一 10^{-9}	纳	n
一万亿 10^{12}	太	T	万亿分之一 10^{-12}	皮	p
一千万亿 10^{15}	拍	P	千万亿分之一 10^{-15}	飞	f
一百亿亿 10^{18}	艾	E	百亿亿分之一 10^{-18}	阿	a

表 A.2　测量值表

物理量	大尺度世界中的常用单位	亚原子世界中的典型值
长度	米，m（略大于 1 码）； 厘米，cm（0.4 英寸）； 千米，km（0.6 英里）	原子大小，约为 10^{-10} m（0.1 纳米，0.1 nm） 质子大小，约为 10^{-15} m（1 飞米，1 fm）
速度	米每秒，m/s（行走速度）； 千米每秒，km/s（子弹速度）	光速，3×10^{8} m/s
时间	秒，s（钟摆摆动）； 小时； 天； 年	粒子贯穿原子核的时间，约为 10^{-23} s “长寿”粒子的典型寿命，约为 10^{-10} s
质量	千克，kg（1 升水的质量）	两个电子的质量，约为一百万电子伏特，或 1 兆电子伏特（MeV） 质子质量，约为十亿电子伏特，或 1 吉电子伏特（GeV）
能量	焦耳，J（一本书下落 10 厘米的动能）	空气中的分子小于 1 电子伏特（eV），电视显像管中的电子约为 10^{3} eV，最大的加速器中的质子约为 10^{12} eV （$1\ \text{eV} = 1.6 \times 10^{-19}$ J）
电荷	库仑，C（点亮一盏灯 1 秒）	电子和质子电荷大小 $=1.6 \times 10^{-19}$ C
自旋	千克 × 米 × 米每秒， kg × m × m/s（人的旋转）	光子自旋 $= \hbar \approx 10^{-34}$ kg × m × m/s

附录 B　粒子

表 B.1　轻子

名称	符号	电荷（单位：e）	质量（单位：MeV）	自旋（单位：$\hbar$）	反粒子	典型衰变	平均寿命
味 1							
电子	e	−1	0.511	1/2	e^+	稳定	
电子中微子	ν_e	0	小于 2×10^{-6}	1/2	$\bar{\nu}_e$	稳定（可振荡为其他中微子）	
味 2							
μ 子	μ	−1	105.7	1/2	μ^+	$\mu \to e+\nu_\mu+\bar{\nu}_e$	2.2×10^{-6} s
μ 子中微子	ν_μ	0	小于 0.19	1/2	$\bar{\nu}_\mu$	稳定（可振荡为其他中微子）	
味 3							
τ 子	τ	−1	1 777	1/2	τ^+	$\tau \to e+\nu_\tau+\bar{\nu}_e$	2.9×10^{-13} s
τ 子中微子	ν_τ	0	小于 18	1/2	$\bar{\nu}_\tau$	稳定（可振荡为其他中微子）	

表 B.2 夸克

名称	符号	电荷（单位：e）	质量（单位：MeV）	自旋（单位：$\hbar$）	重子数	反粒子
组 1						
下	d	–1/3	3.5 到 6.0	1/2	1/3	$\bar{d}$
上	u	2/3	1.5 到 3.3	1/2	1/3	$\bar{u}$
组 2						
奇	s	–1/3	70 到 120	1/2	1/3	$\bar{s}$
粲	c	2/3	~1 250	1/2	1/3	$\bar{c}$
组 3						
底	b	–1/3	~4 200	1/2	1/3	$\bar{b}$
顶	t	2/3	~171 000	1/2	1/3	$\bar{t}$

表 B.3 部分复合粒子

名称	符号	电荷（单位：e）	质量（单位：MeV）	夸克组分	自旋（单位：$\hbar$）	典型衰变	平均寿命
重子（费米子）							
质子	p	1	938.3	uud	1/2	尚未发现	超过 10^{29} 年
中子	n	0	939.6	ddu	1/2	$n \rightarrow p + e + \bar{\nu}_e$	886 s
Λ 子	Λ	0	1 116	uds	1/2	$\Lambda \rightarrow p + \pi^-$	2.6×10^{-10} s
Σ 子	Σ	1, 0, −1	1 189 (+&−)	uus (+), dds (−)	1/2	$\Sigma^+ \rightarrow n + \pi^+$	0.80×10^{-10} s (+&−)
			1 193 (0)	uds (0)		$\Sigma^0 \rightarrow \Lambda + \gamma$	7×10^{-20} s (0)
Ω 子	Ω	−1	1 672	sss	3/2	$\Omega \rightarrow \Lambda + \pi^-$	0.82×10^{-10} s
介子（玻色子）							
π 介子	π	1, 0, −1	139.6 (+&−)	$u\bar{d}$ (+), $d\bar{u}$ (−)	0	$\pi^+ \rightarrow \mu^+ + \nu_\mu$	2.6×10^{-8} s (+&−)
			135.0 (0)	$u\bar{u}$ & $d\bar{d}$ (0)		$\pi^0 \rightarrow 2\gamma$	8×10^{-17} s (0)
η 粒子	η	0	548	$u\bar{u}$ & $d\bar{d}$	0	$\eta \rightarrow \pi^+ + \pi^0 + \pi^-$	小于 10^{-18} s
K 介子	K	1, 0, −1	494 (+&−)	$u\bar{s}$ (+), $\bar{u}s$ (−)	0	$K^- \rightarrow \mu^- + \bar{\nu}_\mu$	1.24×10^{-8} s (+&−)
			498 (0)	$d\bar{s}$ & $\bar{d}s$ (0)		$K^0 \rightarrow \pi^+ + \pi^-$	0.89×10^{-10} s (0)

表 B.4 载力子

名称	符号	电荷（单位：e）	质量（单位：MeV）	自旋（单位：$\hbar$）	反粒子	相应力
引力子（假想的，从未观测到）	—	0	0	2	自己	引力
W 加	W^+	1	80 400	1	W^-	弱
W 减	W^-	–1	80 400	1	W^+	弱
Z 粒子	Z^0	0	91 190	1	自己	弱
光子	γ	0	0	1	自己	电磁
胶子（一组共 8 个粒子）	g	0（但有 3 种“色荷”）	0	1	自己	强

附录 C　金牌榜

轻子作为第 3 章的主题，有众多诺贝尔奖在这一领域中产生。主要获奖情况如下：

约瑟夫・约翰・汤姆生 1906 年“气体中电子的导电性研究”（发现电子）；

德布罗意 1929 年“电子波动性质的发现”；

安德森 1936 年“正电子的发现”（反电子）；

鲍威尔 1950 年“关于介子的发现”（表明 μ 子不同于 π 子）；

格拉肖、萨拉姆和**温伯格** 1979 年“弱相互作用与电磁相互作用的统一理论”（将控制中微子和控制带电粒子的力统一在一起）；

莱德曼、施瓦兹和**斯特恩伯格** 1988 年“μ 子中微子的发现”；

瑞恩 1995 年“中微子的探测”；

佩尔 1995 年“τ 轻子的发现”；

小雷蒙德・戴维斯 [Raymond Davis, Jr.] 和**小柴昌俊** [Masatoshi Koshiba] 2002 年“宇宙中微子的探测”。

如果将诺贝尔奖中有关电子性质和运动的其他成果列入，这样的列举还会更长。还将包括：

玻尔 1922 年原子中电子的量子理论；

康普顿 1927 年光子被电子散射的发现及解释；

戴维逊和**乔治・汤姆生（约瑟夫・约翰・汤姆生的儿子）**1937 年用晶体对电子衍射进行的研究；

泡利 1945 年发现不能有两个电子同时处在完全相同的运动状态；

兰姆 [Willis Lamb]1955 年对氢原子中电子能量的精确测量；

库施 [Polykarp Kusch]1955 年对电子磁矩的精确测定；

霍夫斯塔特 1961 年使用电子探测质子和中子的内部结构；

巴丁 [John Bardeen]、**库珀** [Leon Cooper] 和**施里弗** [J. Robert Schrieffer] 1972 年提出超导理论（电子在某些材料中无电阻的运动）；

弗里德曼 [Jerome Friedman]、**肯德尔** [Henry Kendall] 和**泰勒** [Richard Taylor]1990 年使用电子束揭示出核子中夸克的研究。

附录 D　量子练习题

本附录由肯尼斯・福特和戴安娜・戈德斯坦整理。[*]

本附录提供了一个机会，帮你检测你对量子概念的理解程度，少数地方要求练习向他人解释这些概念。

附录从本书的“重要概念”目录开始。阅读时，请留意这些概念。你可能想记下书里讨论这些概念的页码。

然后是每一章的关键问题：**复习题**所对应的内容在相应章节中都有，**挑战题**则需要你多了解一些内容。教师们会发现这些问题都是很有用的课外作业。[**] 其他读者可以使用这些问题来加强理解。

重要概念

量子物理学和相对论为自然界的描述带来了一系列“重要概念”，这些概念中大部分与常识不一致，也就是说，它们与那些基于日常经验的看似自然的东西不同。

这里有 12 个“重要概念”，它们可以帮助你思考本书中的材料。

量子化：自然是粒状的，或者是块状的——无论是在构成世界的物质中还是在发生变化的过程中。

概率：小尺度世界中的事件受概率控制。

速度极限：光速设定了自然界中的速度极限。

* 戴安娜・戈德斯坦在宾夕法尼亚州华盛顿堡的杰曼镇中学教物理。

** 杰曼镇中学书店为教师们提供习题答案。有关订购的信息，请联系 dgoldst@germantownacademy.org。

$E = mc^2$：质量和能量统一成一个概念，因此质量可以转化为能量，能量也可以转化为质量。

波粒二象性：物质既可以表现出波的性质，也可以表现出粒子的性质。

不确定性原理：自然界在测量能达到的精确度方面存在一个基本的限制。

湮灭与产生：所有相互作用都涉及粒子的湮灭和产生。

自旋：即使是“点粒子”（那些没有明显物理大小的粒子）也可以自旋，自旋是量子化的属性。

不相容原理：称为费米子的粒子遵循不相容原理，即任何两个相同的粒子都不能同时占据相同的运动状态。

玻色 – 爱因斯坦凝聚：称为玻色子的粒子可以在相同的运动状态下聚集（甚至“喜欢”聚集）。

守恒：在所有变化过程中，某些量保持不变。其他量（“部分守恒量”）则在特定种类的变化期间保持不变。

态叠加：一个粒子或粒子系可以同时处在两种或更多种运动状态。

表面之下

复习题

1. (a) 若向原子发射一个小的高速粒子，你认为它是会穿过原子呢还是会反弹回来？

   (b) 一个大的、缓慢运动的分子冲向原子，它会穿过原子还是会反弹？

2. 什么是亚原子世界？

3. (a) 物理学的哪个分支处理非常小的物体？

   (b) 物理学的哪个分支处理非常快的物体？

4. 光子的质量是多少？

5. 为什么光子最初没有被认为是“真实”的粒子？

6. 列出 20 世纪 20 年代物理学的一些重大发现。

7. 地球的大小、成分和温度等特征是否会影响它围绕太阳的运动？

8. (a) 说粒子是基本的是什么意思？

(b) 质子是基本的还是复合的？

(c) 夸克呢？

9. “标准模型”中包含了多少种基本粒子？

挑战题

1. 解释比原子小得多的电子是如何“填充”原子的。

2. 举一个日常生活中的例子，说明某个东西发生了什么与这个东西是什么无关。

3. (a) 举例说明你身边的物质世界中与你的常识一致的事件。

(b) 什么样的事情如果发生会违反常识，请举例。

小到多小？快到多快？

复习题

1. (a) 1 370 用科学（或指数）计数怎样表示？

(b) 3.14×10^2 如果不用指数表示怎么写？

2. 一个 40 吉字节的硬盘能保存多少字节的数据？（对于“吉”，见附录 A 的表 A.1。）

3. (a) 1 纳米是什么意思？

(b) 1 飞米是什么意思？

长度

4. 科学家如何测量小到几飞米的距离？

5. 什么实验首次揭示出原子核的尺寸有限？

6. 当一个粒子能量增大时，它的波长会发生什么变化？

7. 你必须将所谓的普朗克长度（大约 10^{-35} 米）乘以 10^{20}，才达到一个质子的大小，即大约 10^{-15} 米。如果你将质子的大小乘以相同的因子 10^{20}，你会达到什么尺寸？你能想到什么东西有那么大吗？

8. 弦是大于、等于还是小于原子核？你的答案是否有助于解释为什么弦仍然是理论假设？

速度

9. 自然界中的速度极限是多少？太空轨道上宇航员的速度是否与这个速度接近？

10. 发射无线电波到月球并返回大约需要多长时间？

11. 光从太阳到地球需要多长时间？

12. 为什么进取号星舰的飞行速度仍然只是科学幻想，在实际的太空飞行中还不太可能实现？

时间

13. 被称为 μ 子的粒子的平均寿命约为 2 微秒（2×10^{-6} s）。这样的时间在亚原子世界中是短还是长？给出理由。

14. 如果要在探测器中留下可测量的轨迹，粒子必须存在多长时间？

15. 为什么最长已知时间与根据测量推出的最短时间的比率和最大已知距离与最小已知距离的比率相同（均为约 10^{44}）？

质量

16. (a) 你可以有质量没重量吗？如果是的话，举个例子。

(b) 你可以有重量没质量吗？如果是的话，举个例子。

17. 当宇宙飞船上的一把特殊的椅子左右摇晃宇航员时，测量的是宇航员的重量还是宇航员的质量？

18. 怎样才能使粒子的轨迹更“刚性”？

19. 大体而言，质子的质量（以能量单位表示）是 900 MeV，而电子的质量（以相同的单位表示）是 0.50 MeV。你需要多少电子才能平衡一个质子的质量？

能量

20. 能量守恒意味着什么？

21. (a) 列举大尺度世界中的两种能量形式。

    (b) 粒子世界中最重要的两种能量形式是什么？

22. 说光子纯粹是“运动生物”是什么意思？

23. 在什么情况下，光速的平方 c^2 是一种“代价”？

电荷

24. 带电粒子吸引和排斥的规则是什么？

25. 核中的质子相互排斥，它们是如何束缚在原子核内的？

26. (a) 电荷守恒的含义是什么？

    (b) 电荷量子化的含义是什么？

27. 从什么意义上讲电子立下了“汗马功劳”？

自旋

28. 两种旋转运动是什么？各举一个例子。

29. 尼尔斯・玻尔在 1913 年提出了关于角动量量子化的什么规则？

30. 1925 年萨缪尔・古兹米特和乔治・乌伦贝克是如何修正玻尔的角动量守恒规则的？

31. 说自旋是量子化的是什么意思？

测量单位

32. 阿尔伯特・爱因斯坦是如何将光速这一旧的且熟悉的物理量，变成一个“新的”基本常数的？

33. 从什么意义上讲，所有测量都是一种比率的表述？

挑战题

1. 你能以英里 / 秒表示光速 c 吗？（1 英里约为 1 609 米。）

2. 某种水波波长为 3 米。我们可以通过这些波的衍射来了解的最小物体大约有多大？

3. 向你最好的朋友解释 $E = mc^2$ 的含义。

4. 向你的小姐妹解释千克的定义是如何取决于地球的大小的。

5. 假如空间不能无限分割而是“颗粒化”的，那么科学家将获得一个新的“自然的”单位。请解释。

结识轻子

复习题

1. 把适用于粒子的三个术语——不稳定性、放射性和衰变联系起来。

表 B. 1

2. 多少个电子等于一个 τ 轻子的质量？

3. 以 10^8 m/s（光速的三分之一）运动的 μ 子在其平均寿命期间能运动多远？这个距离与你熟悉的世界中的某些距离相比怎么样？

4. 反电子或正电子（表中未给出）的电荷量是多少？反 μ 子的电荷量是多少？

5. (a) μ 子中微子质量的上限是 μ 子质量的百分之几？

   (b) τ 子中微子相对于 τ 子呢？

电子

6. (a) 什么是阴极射线？

   (b) 阴极射线管现代有什么例子？

7. (a) 什么是 α 粒子？

   (b) 什么是 β 粒子？

   (c) 什么是 γ 粒子？

8. (a) 电子和正电子的哪些性质相同？

(b) 哪些性质相反？

9. 为什么说狄拉克从信念出发预测了正电子（电子的反粒子）的存在？

电子中微子

10. 哪种形式的放射性（α、β 或 γ）与隧穿效应有关？

11. 哪种形式的放射性（α、β 或 γ）与光的发射最密切相关？

12. 哪种形式的放射性（α、β 或 γ）与物质粒子的产生有关？

13. 列举 β 衰变（原子核发射电子）最初令物理学家感到困惑的两个原因。

14. 费米在解释 β 衰变方面的突破性想法是什么？

15. 解释中微子是如何穿透数光年的固体物质（如果存在的话）并在实验室中被捕获的。

μ 子

16. 从外太空到达地球的宇宙射线粒子大多是质子，但到达地球表面的高能粒子大多是 μ 子。请解释。

17. 衰变 $\mu \rightarrow \mathrm{e} + \gamma$ 不存在告诉我们什么信息？

18. 如果 μ 子是最轻的带电轻子，它会衰变吗？为什么？

μ 子中微子

19. 在衰变 $\pi^{+} \rightarrow \mu^{+} + \nu_{\mu}$ 中，箭头右侧哪种粒子容易检测到，哪种不易探测？为什么有这样的区别？

τ 子

20. 在斯坦福直线加速器中，与电子的质量能相比，其动能如何？

21. 创建 τ 子－反 τ 子对所需的最小能量是多少？

22. 根据第 56 页的图 5，电子或 μ 子哪种粒子更容易穿透物质？

τ 子中微子

23. 感光剂中 τ 子中微子产生的 τ 子轨迹有多长？

中微子质量

24. 早期的什么证据表明中微子根本没有质量？

25. 科学家们崇尚简单，被认为“简单”的理论有哪些特征？

26. 在我们对自然的描述中，复杂性的三个层次是什么？

27. 在日本的神冈中微子探测实验探测器中，脚下的中微子比头顶的中微子跑得远多少？

28. 太阳是产生一种味的中微子还是多种味的中微子？

为什么是三种味？有没有更多的味？

29. 物理学家们是否认为有可能会发现更多味的轻子？

30. 列举一个证据，证明中微子只有三种味。

挑战题

1. 类比物理学家们对方程的思考方式，科学以外你有什么是因为“不优雅”或“不美观”而拒绝的事情？

2. 在给定的磁场中，如果电子向左转，则正电子向右转。然而，电子和正电子可以在同一个“储存环”中环绕。请解释。

3. 如果一个理论能提供一种非常简单的对自然界的描述，科学家们就会称这种理论是“美丽”的。根据你的日常经验，提出一些你可以将简约与美丽等同起来的东西。

4. 跟你大款叔叔解释中微子振荡。

庞大家族的其他成员

复习题

夸克

1. 夸克被认为是基本粒子还是复合粒子？

2. (a) 夸克和轻子有什么相似之处？

(b) 它们有哪些不同之处？

3. (a) 质量守恒在日常生活中是否有效？

(b) 在亚原子世界中是否有效？

4. (a) 我们能否观察到一个带有 4/3 个电荷的粒子？

(b) 6/3 个电荷呢？

5. 什么守恒律阻止质子衰变？

6. 中子在单独存在时不稳定，它会衰变，为什么你体内碳核中的中子不会衰变？

表 B. 2

7. 三个夸克怎样结合才能形成不带电荷且重子数为 1 的粒子？

8. 夸克和反夸克怎样结合才能形成一个带电荷 +1 且重子数为零的粒子？

9. 质子的质量（以能量单位计）为 938 MeV。顶夸克的质量与质子的质量相比如何？

复合粒子和表 B. 3

10. 观察到的复合粒子是否具有“色”？

11. 重子和介子有哪些主要区别？

12. (a) 大多数重子都不稳定吗？

(b) 大多数介子呢？

载力子和表 B. 4

13. (a) 列举一些与是什么（物体）相关的粒子。

(b) 列举一些与会发生什么（运动）有关的粒子。

14. 守恒律是否限制：

(a) 产生或湮灭载力子的数量？

(b) 产生或湮灭轻子的数量？

15. 氢原子中的质子和电子在引力作用下相互吸引，但是物理学家说引力在原子结构中没有任何作用。请解释。

16. 宇宙中，光子或电子谁更多？

17. 根据电弱统一理论，哪些载力子被证明属于同一家族？

18. 光子以何种方式与 W 和 Z 粒子显著不同？

19. 当夸克之间的距离增加时，夸克之间的强相互作用力会变强还是变弱？这与静电力和引力的作用方式一样吗？

20. 对于统一理论：从最强到最弱列出四种基本相互作用，并给出每种相互作用的载力子。

费曼图

21. 空间图能告诉你

(a) 从一个地方到另一个地方的方向吗？

(b) 你在哪里吗？

(c) 你什么时候在那里吗？

(d) 你从一个地方运动到另一个地方的速度有多快吗？

22. 上述四件事中哪一件是时空图能告诉你的？

23. 什么是世界线？

24. 物理学家所定义的事件是什么？

25. 在粒子世界中，通常在“事件”中会发生什么？

26. 在费曼图中，每个重要事件都用三叉顶点标记。请解释。

27. 参见第 90 页的图 9，解释为什么粒子相互作用是一种灾变事件。

28. 在 W 粒子被理论提出或实验观测之前，μ 子衰变（$\mu^- \rightarrow e^- + \nu_\mu + \bar{\nu}_e$）被认为与“四叉”事件有关——进来一个粒子，出去三个粒子。重绘图 10（第 91 页）以示意说明此过程的旧观点。

29. 第 91 页的图 10 说明了哪些守恒律？

30. 第 93 页的图 12 说明了什么守恒律？

挑战题

1. 向你哥哥解释为什么所有力中最弱的力是我们最熟悉的引力。

2. (a) 我们真正能看到的是哪个力的载力子？

(b) 为什么我们不能直接观察到其他载力子呢？

3. 向你祖母解释为什么无论你向质子注入多少能量，夸克都不会被分离出来。

4. 绘制一张时空图，给出一个四分卫远离他刚开始所在处的空间和时间的路径：他一动不动直到他拿到球，然后向后退步，再向前跑，直到他被抢断才会再次休息。（第 86 页的图 7 可提供一些线索。）

量子团

复习题

1. (a) 所有物体都有辐射吗？

(b) 随着辐射体温度的升高，辐射如何变化？

2. 马克斯·普朗克究竟提出了什么假设产生了量子理论呢？

3. 量子是什么意思？

4. 解释公式 $E = hf$ 的含义。

5. 根据经典理论（和普朗克理论），发射辐射的频率与发出辐射的振动电荷的频率相比是怎样的？

6. 当原子发射光子时，光子的能量与原子内的能量有什么关系？

7. 解释为什么第 100 页所示的内部是白色的盒子却是“黑体”。

8. 物质和物质的性质都是量子化的。物质的量子化告诉我们关于这个世界的什么信息？

9. 列举物质的两种量子化属性。

10. 哪两个原因使物理学家认为物质就像洋葱，有一个内核，而非无限制地层层剥离？

电荷与自旋

11. 以 e 为量子单位，以下所带电荷情况

(a) 两个电子？

(b) 一个电子和一个质子？

(c) 由一个质子和一个中子组成的氘核？

(d) 由一个质子和两个中子组成的氚核？

12. 你姐姐告诉你，她在化学实验室里测量到一种小粒子上所带的电荷为 $3.6e$。对此是否应该怀疑？

13. 电子自旋“指向”的方向有多少个？

色荷

14. 三种色荷分别是什么？如何将它们结合成“无色”粒子？

15. 你能像感觉电荷一样“感觉”到色荷吗？为什么？

质量

16. (a) 质量是量子化的吗？

(b) 是否存在基本量子质量单位？

能量

17. 现在让我们根据量子化的能量变化来解释线状光谱。为什么量子理论出现之前的物理学家并未受到线状光谱的困扰？

18. 尼尔斯·玻尔提出的三个革命性思想是定态、量子跃迁、基态的思想。简而言之，这些思想的含义各是什么？

19. 处于定态的电子是静止的吗？

20. 玻尔对角动量有什么看法？

21. 什么是零点能？

22. 原子核中的能态间隔比分子中的能态间隔更大还是更小？

23. 在空间中自由移动的电子是否具有动能？

24. 处于激发态的氢原子与基态氢原子是不同的实体吗？

挑战题

1. 如果第 98 页的图用于表示作为辐射频率函数的太阳光强度，那么横轴上哪里表示可见光的频率？（要回答这个问题，你可能需要查其他文献。）

2. 在某些单位中，普朗克常数的值为 $h = 4.14 \times 10^{-15}$ eV · s。特定的绿光频率为 $f = 4.83 \times 10^{14}$ Hz（1 Hz 即 1 s^{-1}）。换算成 eV 这种光的光子能量是多少（四舍五入到小数点后一位）？

3. 氢原子中的电子能否具有 $(3/2)\hbar$ 的总角动量？

4. 3/2 个量子单位的角动量指向多少个方向？

5. 向医生解释对应原理。

量子跃迁

复习题

1. 物理学家如何计算激发态电子在什么时间跃迁到能量较低状态？

2. 物理学家如何确定处于激发态的电子会跃迁到哪个低能态？

3. 从理论上讲，物理学家能确定投掷的硬币落下时朝上的是正面还是反面吗？

4. 出于无知的概率和根本性的概率之间有什么区别？

5. 放在路边的微波炉被拿走的概率是每分钟 1%，那么路边微波炉的平均寿命是多少？

6. 如果路边旧电脑的平均寿命是 6 小时，那么一台特定的电脑会在 1 小时内被拿走吗？ 12 个小时呢？

7. 当欧内斯特 · 卢瑟福和他的同事们发现放射性符合概率性的规律时，他们为什么没有兴奋地跑上屋顶去大叫？

8. 什么是“散射”？概率如何在散射中发挥作用？

9. 放射性衰变事件从什么角度讲是一种“核爆炸”？

10. 如果有人给你一张向下倾斜曲线的图，并告诉你它是一个递减的指数曲线，那么你该如何检验这一结论？

11. 以下平均寿命或半衰期哪个更短？

(a) 放射性原子核

(b) 不稳定的粒子

12. 格德·宾宁和海因里希·罗勒发明的扫描隧道显微镜（STM）利用了什么量子现象？

13. 如果粒子发生“增益”的自发衰变，会违反什么原理？

14. “增益”的变化在加速器中确实会发生。解释如何发生。

15. 在粒子的自发衰变中，产物的质量之和总是小于衰变粒子的质量吗？

16. 如果我们所谓的根本性概率实际上是出于无知的概率，那么关于粒子会得出什么结论？

挑战题

1. μ 子衰变与激发态原子发射光子在某些方面有很大不同，但在某一方面是相似的。它们有何不同，它们又有何相似之处？

2. 在加速器中每产生一百万个正 π 介子，平均 999 677 个会衰变为一个 μ 子和一个中微子；200 个衰变为一个 μ 子、一个中微子和一个光子；123 个衰变为一个电子和一个中微子。两种不太常见的衰变模式的分支比是多少（不考虑最常见的模式）？

3. 在第 124 页的图 20 中，半衰期是多少？鉴于平均寿命是半衰期的 1.44 倍，试估算在一个平均寿命中强度降低的百分比。

4. (a) 在 2×10^{-6} s 的平均寿命期间，以 2×10^{8} m/s 行进的 μ 子能运动多远？这个距离可以不用显微镜被人眼察觉吗？

(b) 对于平均寿命为 3×10^{-13} s 的 τ 子，回答相同的问题。

5. 向小卖部的店员解释，在短短几分钟内，物理学家如何测量出钍核的半衰期是 140 亿年。

6. 向你的理发师解释，为什么即使粒子在衰变之前运动（因此具有动能），粒子衰变的衰减规则仍然存在。

群居粒子和反群居粒子

复习题

1. 以下各项，哪个是费米子哪个是玻色子？

   (a) 电子

   (b) 光子

   (c) 夸克

   (d) 质子

   (e) π 介子

   对于最后两个，考虑其夸克组分（表 B.3）。

2. (a) 氦 –4 原子的原子核包含两个质子和两个中子，它是费米子还是玻色子？

   (b) 锂 –7 呢，它的原子核含有三个质子和四个中子？

   （回答时别忘了电子。）

3. 说玻色子是“群居”的是什么意思？

费米子

4. 两颗通信卫星沿着赤道上方相同的圆轨道运行，但相距数千英里。它们的运动状态相同吗？为什么？

5. (a) 给出原子中一个电子的一个确定的性质。

   (b) 给出一个“模糊”的性质。

6. 用量子数表述不相容原理。

7. 不相容原理是“群居”还是“反群居”的原理？

8. 沃尔夫冈・泡利提出了电子的一种新“自由度”。根据萨缪尔・古兹米特和乔治・乌伦贝克的说法，这个自由度是什么？

9. 如果假设没有不相容原理，周期表中是否会有“周期”？

10. 如果假设电子没有自旋，氦将是化学活性元素而不是惰性元素。为什么会有如此差异？

11. (a) 两个质子可以占据相同的运动状态吗？

(b) 两个中子呢？

(c) 一个质子和一个中子呢？

12. 一个原子核在其最低能量运动状态下可以有四个而不是两个粒子，为什么？

玻色子

13. 玻色 1924 年称为“光量子”的粒子我们现在管它叫什么？

14. 两个相同的玻色子可以占据相同的运动状态吗？

15. 从表 B.3 中选择一个粒子衰变，需满足其中费米子的数量不变而玻色子的数量发生变化。

16. 第 154 页的图示告诉你，科奈尔和维曼为了制造铷原子的玻色 – 爱因斯坦凝聚需要达到的温度是多少？

为什么有费米子和玻色子？

17. 如果电子不完全相同

(a) 它们会排斥占据同一运动状态吗？

(b) 原子中会有壳层结构吗？

18. (a) 物理学家研究的不可观测量的例子是什么？

(b) 可观测量的例子是什么？

挑战题

1. 电子和 μ 子都是费米子。这是否意味着电子和 μ 子遵守不相容原理并且不能占据相同的运动状态？为什么？

2. 氢原子中的电子具有量子数 $n = 2$，$l = 1$，$m_l = 1$，$m_s = 1/2$

(a) 它处于激发态还是处于基态？

(b) 它会发射和 / 或吸收一个光子并跃迁到不同的状态吗？

3. 向邮递员解释为什么原子中第二壳层可以容纳八个电子。（使用量子数和不相容原理的思想。）

4. 考查本书出版以来是否有新发现或新命名的元素，并更新第 147 页上的信息。

5. 20 世纪早期，物理学家们接受了公式 $E = hf$，但大多数物理学家不相信光子。请解释。

持之以恒

复习题

1. 什么守恒律能解释地球绕其轴旋转一圈总是花费完全相同的时间？

2. 质量守恒是 19 世纪科学的核心定律，为什么现在它被认为只是一个近似的定律？

3. 守恒律在什么意义上是一种反应“前后”的定律？

4. 为什么说守恒律具有“许可性”？

不变性原理

5. 根据不变性原理，不变的是什么？

6. 位置不变性的含义是什么？

7. 说空间是均匀的是什么意思？

8. (a) 如果空间不均匀，物理学是否还有可能存在？

(b) 如果空间不均匀，物理学会更简单吗？

绝对守恒律和不变性原理

9. (a) 什么是绝对守恒律？

(b) 列出被认为绝对守恒的四个量。

10. 粒子衰变的“衰减规则”是什么？

11. 一名实验者声称观察到静止的 Λ 粒子衰变成单个粒子，即中子，之后从衰变点飞走。这一衰变是“衰减”的并且电荷守恒。你为什么要怀疑这个说法？

12. 没有角动量的粒子（如中性 π 介子）如何衰变成两个具有角动量的粒子（如两个光子）？

13. (a) 电荷是标量还是矢量（即它只有大小，还是既有大小又有方向）？

(b) 电荷可以取连续值还是只能取某些特定值（即是否量子化）？

14. μ 子衰变为中微子和光子，由 $\mu^- \rightarrow \nu_\mu + \gamma$ 表示，这过程是否可能？给出理由。

15. (a) 中子衰变是否违反重子守恒？

(b) 质子衰变是否会违反重子守恒？

16. 为什么说色是夸克和胶子的一种“晦涩难懂”的属性？

17. 说粒子是“左旋”的是什么意思？

18. 中微子是“左旋”的，反中微子呢？

19. 时间反转并不意味着从字面上反转时间流动的方向，这是什么意思？

部分守恒律和不变性原理

20. 究竟什么是部分守恒律？

21. 强相互作用或弱相互作用哪一个更多的被守恒律制约？

22. 在 Λ 衰变 $\Lambda^\circ \rightarrow p + \pi^-$ 过程中，衰变之前的奇异数是多少？衰变之后呢？奇异数是否守恒？

23. (a) 列举质子和中子两种相似（或非常相似）之处。

(b) 它们之间最重要的区别是什么？

24. (a) π 子多重态是几重态？

(b) 核子多重态呢？

25. 宇称守恒或空间反演不变性是什么意思？

26. 大爆炸后不久，大多数质子和反质子相互湮灭。这些粒子中剩下多少最终形成宇宙？

对称性

27. (a) 铁轨

(b) 圆

(c) 人脸（近似）

具有什么样的对称性？

28. 空间均匀性是一种对称原则，与之相关的不变性原理是什么？

挑战题

1. 向卖报人解释“强制律”是什么。

2. 向你的远亲弟弟解释什么是“禁戒律”。

3. (a) 给出一种让守恒律和不变性原理一致的方法。

   (b) 给出一种让它们不同的方法。

4. 反应 $p + n \rightarrow n + \Lambda^{o} + K^{+}$（见第 176 页讨论）是所谓的“伴随产生过程”的一个例子，因为产生了两个奇异粒子，即 Λ^{o} 和 K^{+}。夸克味守恒如何解释伴随产生过程？

5. 在弱相互作用中产生的中微子都是左手螺旋的。

   (a) 这如何证明宇称不守恒？

   (b) 它如何证明电荷共轭的不守恒？

波和粒子

复习题

1. 简而言之，什么是波粒二象性？

2. 什么是光电效应？

3. 举例说明经典世界中“量子化”的波。

4. 在镍晶体散射电子的实验中，克林顿·戴维逊和莱斯特·革末揭示了什么？

5. 给出波长、频率、波幅的定义。

6. 举一个驻波的例子。

德布罗意公式

7. 根据德布罗意公式 $\lambda = h/p$，当粒子的动量增加时，粒子的波长会发生什么变化？

8. 德布罗意如何使用“自加强”的思想解释原子中的量子化轨道？

9. 你有波长吗？如果有，它比粒子的波长大得多还是小得多？

10. 方程 $E = mc^2$ 和公式 $\lambda = h/p$ 中包含的普遍常数是什么？

11. (a) 方程 $E = mc^2$ 从什么意义上讲实现了一种统一？

(b) 公式 $\lambda = h/p$ 呢？

12. 为什么物理学家说粒子越轻，运动得越慢，它的波动性就越明显？

13. (a) 我们怎样才能远离日常生活世界以看到相对论的效应？

(b) 我们怎样才能远离日常生活世界以看到量子理论的效应？

14. 什么是衍射？

15. 什么是干涉？

16. 单个光子发射到双狭缝处，并落在狭缝外检测屏幕上不可预测的点处。它可能着陆的地方是否有限制？

17. (a) 当光子从一个地方传播到另一个地方时，它更多的是表现为波还是粒子？

(b) 当光子被发射或吸收（产生或湮灭）时，它更多的是表现为波还是粒子？

原子尺度

18. 如果一个电子在原子中散布到更大的体积，它的动能会更大还是更小？

19. 原子中的电子“希望”远离核心扩散，以降低其动能。为什么它同时又“想要”接近原子核？

波和概率

20. 电子在原子中作为波传播。难道它永远不会在某一点上相互作用吗？试说明。

21. α 粒子是以什么方式通过与波和概率有关的隧穿现象从放射性原子

核逃逸的？

22. 波函数 Ψ 是不可观测的物理量。与 Ψ 有关的什么量是可观测的？

波与颗粒度

23. 小提琴琴弦的两端固定。原子中电子波函数的类似“固定”是什么？

24. 如果势阱中粒子的波长是势阱壁之间距离的非整数倍，那么会发生什么？

25. 势阱中的粒子可以具有的最大波长是多少？

26. 对于势阱中的粒子来说

(a) 壁之间有 3.5 个波长有没有可能？

(b) 5.0 个波长呢？

(c) 1.75 个波长呢？（请参阅第 214 页图 41，别忘了在壁之间往返一次后，势阱中的波必须与它自身相长干涉。）

27. 原子内束缚电子的“势阱”是什么？

波与非定域性

28. (a) 是什么限制了你可以在显微镜下看到的物体有多小？

(b) 是什么限制了物理学家使用高能粒子所能研究的空间区域有多小？

29. 罗伯特・霍夫斯塔特通过质子散射电子的实验了解到了什么？

30. 芝加哥附近费米实验室的万亿电子伏加速器是如何得名的？

31. 在加速器中使用高能粒子作为射弹的一个原因是使用短波长，另一个原因是什么？

32. 为什么慢中子能“延伸出来”一次与多个核相互作用？

态叠加原理和不确定性原理

33. 在方程 $\Delta x \Delta p=\hbar$ 中，符号 Δx 和 Δp 是什么意思？

34. 当你在实验室中进行测量时，测量结果会有不确定度。这与海森堡的不确定性原理有关吗？请说明。

35. 对于由完美正弦波描述的粒子，

(a) 粒子的什么特征是完全不确定的？

(b) 什么特征是可以准确了解的？

36. 对于由波描述的粒子，上升达到一个最大值并再次下降到零，即如第 221 页图 47中的波形，则

(a) 粒子的什么特征非常不确定？

(b) 什么特征相当清晰？

37. 在方程 $\Delta t \Delta E = \hbar$ 中，符号 Δt 和 ΔE 是什么意思？

38. 为什么设计一个在百分之一秒内能拨打一个十位数的自动拨号器会弄巧成拙？

波是必要的吗？

39. (a) 量子实体何时表现为粒子？

(b) 什么时候表现为波？

挑战题

1. 在德布罗意公式 $\lambda = h/p$ 中，普朗克常数 $h = 6.6 \times 10^{-34}$ kg m^2/s，动量 p 等于 mv，即质量和速度的乘积。

(a) 计算以 40 m/s 运动的质量为 0.14 kg 的棒球的波长。

(b) 计算以 2×10^6 m/s 运动的质量为 9.1×10^{-31} kg 的电子的波长。

2. 现代加速器的目的是研究自然界中最小的东西，但这些加速器却非常庞大。为什么？

3. 向你的牙医解释双缝实验。（参考第 202 页图 35可能会有所帮助。）

4. 为什么有 92 个电子的铀原子与只有一个电子的氢原子大小大致相同？

5. 电子“模糊”的扩散波如何解释原子中的量子化（非模糊）能量状态？

改写极限

复习题

1. 举例说明量子物理学的实际应用。

2. 亚原子世界涉及电子、质子和其他粒子，亚亚原子世界是什么意思？

量子物理与我们习以为常的世界

3. 当你将肘部放在桌子上并且桌子支撑它们时，这是因为电子具有波动特性。请说明。

4. 锂（元素编号 3）具有化学反应活性，氦（元素编号 2）则不具有，因为电子是自旋为 1/2 的费米子。请解释。

5. 地球上的任何东西都表现出永恒的运动吗？

利用反物质？

6. 当你“消耗”能量时实际发生了什么？

7. 能“源”在使用前会存放一段时间。以下哪种能量是存储时间最长的？哪种是存储时间最短的？

   (a) 煤炭

   (b) 铀

   (c) 汽车电池

8. 关于氢作为燃料的主要误解是什么？

9. 使用氢作为燃料有什么好处？

10. 使用反物质作为燃料（一种假想的可能性）有什么好处？

11. 大爆炸后的第一秒内，宇宙中的物质和反物质发生了什么？

态叠加与纠缠

12. (a) 根据经典物理学，电子可以同时具有两个或多个不同的动量吗？

    (b) 根据量子物理学又是怎样的呢？

13. 实验者多次执行相同的实验

(a) 根据经典物理学，预期可以得到什么？

(b) 根据量子物理学，可以预期得到什么？

14. 处于一种确定状态的量子实体能否同时处于其他状态的混合（或叠加）中？用一个例子来支持你的答案。

15. 当从还只是理论阶段的量子计算机所处理的量子位中提取一字节信息时，为什么不会消除量子位允许一次处理多种可能性的优势？

延迟选择

16. 什么是半透半反镀银镜？

17. 半透半反镀银镜对单个光子有何作用？

18. 第 242 页图 51 所示的实验装置如何证明单个光子可以同时通过两条路径？注意左侧探测器没有光子。

量子力学与引力

19. 什么是距离和时间的“普朗克尺度”？

20. (a) 点粒子的概念有什么问题？

(b) 弦理论有何帮助？

21. 熵是衡量什么的标准？

22. 据说没有任何东西能从黑洞中逃脱，但黑洞却会“蒸发”（即释放能量）。请解释。

23. 我们的太阳系是否主要由发光物质组成？

24. 如果看不到暗物质，我们怎样才能知道它在那里？

25. 暗物质与宇宙中发光物质的估计比例是多少？

26. 天文学家现在认为宇宙会在达到最大延伸之后再回到“大坍缩”还是会永远膨胀？

27. 暗能量与暗物质有哪两点不同？

28. 宇宙中总能量有百分之多少现在被认为可以归入下列各项？

(a) 发光物质

(b) 暗物质

(c) 暗能量

29.（大约）什么时候首次发现宇宙正在膨胀，是由谁发现的？

<u>一个怪诞的理论</u>

30. 给出量子理论是一种“怪诞的理论”的两个理由。

挑战题

1. 讨论一个明显的悖论：我们从未意识到日常生活中的个别量子事件，然而我们在日常生活中所经历的几乎一切都是由于量子物理学而产生的。

2. 为什么几乎可以肯定未来不可能使用反物质作为燃料？

3. (a) 如果两个光子背靠背地飞离并且总角动量为零，那么关于它们各自的自旋（每个都是一个单位）能得到什么结论？

   (b) 如果发现其中一个的自旋指向“上”，那么关于另一个的自旋可以得出什么结论？

4. 向你的小侄子解释延迟选择如何如第 242 页图 51 所示应用于沿着垒线路径运动的光子。

附录 E　英制单位与常用单位换算表

	名称	换算
长度	英寸	1 英寸 = 2.54 厘米
	英尺	1 英尺 = 12 英寸 = 0.304 8 米
	码	1 码 = 3 英尺 = 0.914 4 米
	英里	1 英里 = 1 760 码 = 5 280 英尺 = 1 609.344 米
面积	平方英寸	1 平方英寸 = 6.452 平方厘米
容量	加仑	1 加仑 = 8 品脱 = 3.785 升
	品脱	1 品脱 = 0.473 升
质量	磅	1 磅 = 0.453 6 千克
	吨	1 美吨 = 907.19 千克

译后记

这本《量子世界：写给所有人的量子物理》对于专门从事物理学科研和教学的我而言却是不小的挑战。福特教授以其深邃的思想和渊博的学识为我们展现的异彩纷呈的量子世界，往往由于我的学识所限而难以将之同样精彩地呈现给中国的读者。但我仍尽己所能，以自己对于物理学的微薄积累为基础，以自己对中英文这两种伟大语言的浅陋理解为桥梁，力争将原著对物理学最瑰丽多彩的领域——量子物理的精彩描述再现给各位读者。在这里首先应该感谢撰写和翻译科普著作的所有前辈在科普领域的辛勤耕耘。这是一项远比撰写科研论文更艰难、更神圣的工作，前辈们的探索和经验积累是我能顺利完成这本书翻译的重要基础。其次要感谢我所有的学生以及同事们，正是与他们不断交流激发出的灵感使我得以克服翻译中遇到的诸多困难。还应感谢外语教学与研究出版社为科普著作的传播进行的不断尝试和探索，使得我们有机会领略世界最新的科普成果。最后，我要特别感谢中国原子能科学研究院的张英逊研究员，他在百忙之中通读了本书译稿，提出很多重要而有价值的修改建议。本次再版修订根据原著的修订增补了附录 D 并修正了之前的错漏，本书的编辑付出了大量的心血。本次再版还吸取了第一版读者的宝贵建议及批评指正，这里一并表示感谢！

译者　王菲
2008 年于北京
2023 年再版修订